愛犬のための

症状・目的別食事百科

講談社

POINT 1 症状や目的に合わせた BEST5栄養素を効果的に摂る！

もちろん、身体を健康に維持するためには、全ての栄養素が必要です。ただ、気になる症状があるとき「どんな栄養素が体調を改善するのに役立つか？」という目安があります。まずはそれをここでチェックしてみましょう。

POINT 2 難しい栄養計算もカロリー計算も不用です！

消化吸収能力は個々で異なります。食べたものが全て消化・吸収されるわけではありません。同じ食事を食べても太る子もいればやせていく子もいます。まずの目安として、穀類：肉・魚類：野菜類＝1：1：1から始めてみましょう。

症状・目的別・効果的な**栄養素BEST5**

健康維持

	BEST1	BEST2	BEST3	BEST4	BEST5
幼犬	タンパク質	カルシウム	ビタミンD	ビタミンE	ビタミンC
母犬	ビタミンE	ミネラル	タンパク質	カルシウム	EPA・DHA
運動量の多い犬	アミノ酸	ビタミンB_6	ビタミンC	ビタミンE	ビタミンA
成犬	糖質	脂質	タンパク質	ビタミンC	ミネラル
老犬	ビタミンC	β-グルカン	タンパク質	ビタミンE	EPA・DHA

症状改善

	BEST1	BEST2	BEST3	BEST4	BEST5
口内炎 歯周病	ビタミンA	ビタミンB_1	ビタミンU	ビタミンB_2	ナイアシン
細菌、ウイルス、真菌感染症	ビタミンA	ビタミンC	EPA・DHA	ビタミンB_2	ビタミンE
排泄不良	サポニン	タウリン	アントシアニン	ビタミンC	ビタミンE
アトピー性皮膚炎	グルタチオン	EPA・DHA	タウリン	ビタミンB_6	ビオチン
ガン・腫瘍	葉酸	ミネラル	EPA・DHA	ビタミンB_6	ビタミンB_{12}
膀胱炎 尿結石症	ビタミンA	EPA・DHA	ビタミンC	ビタミンE	ビタミンB_2
消化器系疾患 腸炎	ビタミンA、β-カロテン	ビタミンU	食物繊維	ビタミンB_{12}	亜鉛
肝臓病	ビタミンB_1	ビタミンB_2	ビタミンB_{12}	ビタミンC	ビタミンE
腎臓病	EPA・DHA	アスタキサンチン	植物性タンパク質	ビタミンC	ビタミンA
肥満	ビタミンB_1	ビタミンB_2	リジン(メチオニン)	食物繊維	リノール酸
関節炎	タンパク質	コンドロイチン	グルコサミン	カルシウム	ビタミンC
糖尿病	セレン	亜鉛	ビタミンB_1	ビタミンC	ビタミンA
心臓病	EPA・DHA	食物繊維	ビタミンE	ビタミンQ	ビタミンC
白内障	ビタミンC	ビタミンE	アスタキサンチン	DHA	ビタミンA
外耳炎	ビタミンC	ビタミンA	EPA	レシチン	αリノレン酸
ノミ、ダニ、外部寄生虫	サポニン	ビオチン	ビタミンA	イヌリン	イオウ

強いカラダと賢い脳をつくるごはん

病原体に感染しても処理できるカラダと、賢い脳は食事で決まる！

強く賢く育てたい場合は要チェック

強いカラダ作りの秘訣は、筋力、粘膜の細菌やウイルス等に対する抵抗力、血液循環、体内の免疫力などを強化・維持することです。筋力維持にはタンパク質を多く含む食材が重要です。

また、病原体の侵入経路となっている粘膜をサポートしてくれる栄養素がビタミンA（β-カロテン）です。犬は緑黄色野菜に含まれるβ-カロテンを、カラダの必要に応じてビタミンAに作り替えることが出来ます。

病原体に感染すると、それを排除しようと活性酸素が出てきますが、時に出過ぎることもあります。そんなときにビタミンCやEの抗酸化作用に期待したいところです。もちろん、免疫力のサポート役として注目されているβ-グルカンを豊富に含むキノコ類も、ぜひ食べさせたい食材です。

また、すこやかな脳をサポートするために、DHAやタンパク質、糖質、ビタミンB_1、ナイアシンなどを豊富に含む食材もぜひ、普段の食事に取り入れて下さい。

病気に負けないカラダづくり

Best5栄養素

1	タンパク質	丈夫な体を作り、抵抗力の強化
	含まれる食材	鶏肉、卵、牛肉、豚肉、イワシ、アジ、タラ、マグロ、鮭、豆乳、豆腐、大豆、乳製品
2	ビタミンA	粘膜の強化、病原体の侵入、感染症を予防
	含まれる食材	鶏レバー、卵黄、ウナギ、のり、春菊、ニンジン、かぼちゃ、ほうれん草、小松菜、モロヘイヤ
3	ビタミンC	免疫機能をサポート、細菌やウイルス、感染症の予防。抗ストレス
	含まれる食材	ブロッコリー、カリフラワー、ピーマン、トマト、かぼちゃ、ほうれん草、果物
4	ビタミンE	活性酸素の除去、血行促進、老化防止
	含まれる食材	イワシ、植物油、かぼちゃ、ごま、アーモンド、アボカド
5	β-グルカン	免疫力の強化、抗がん作用
	含まれる食材	シイタケ、しめじ、まいたけ、えのき

賢い脳をつくる

Best5栄養素

1	DHA・EPA	脳細胞を活性化、精神の安定
	含まれる食材	アジ、サバ、ウナギ、マグロ、ブリ、さんまなどの主に青魚に多く含まれる
2	タンパク質	脳の働きを高める
	含まれる食材	鶏肉、卵、牛肉、豚肉、イワシ、アジ、タラ、マグロ、鮭、豆乳、豆腐、大豆、乳製品
3	糖質	脳や神経の働きを正常に保つ
	含まれる食材	白米、玄米、はとむぎ、うどん、そば、小麦、さつまいも、果物
4	ビタミンB_1	糖質の代謝をサポート
	含まれる食材	豚肉、鶏レバー、鮭、イワシ、玄米、大豆、納豆、豆腐、いんげん、ほうれん草
5	ナイアシン	脳の神経伝達物質の生成、脳神経の働きをサポート
	含まれる食材	鶏レバー、豚肉、鶏肉、アジ、カツオ、玄米、ピーナッツ、乳製品、緑黄色野菜

手作りごはんは生きた栄養がたっぷり

ちょっと考えれば分かること！犬用食材なんてないんです

ドッグフードはインスタント食材

インスタント食品は便利ですし、私はインスタント食品を完全否定する立場にはありません。しかし「インスタント食品（ドッグフード）以外食べさせたら病気になります。」という考え方には賛同できません。なぜなら、犬には適応能力があるため、インスタントも手作り食も、どちらも活用できる能力があるからです。このことは、全国の手作り食実践家が証明して下さってきているので、否定する余地がありません。

フレッシュ食材は栄養素の宝庫

自然界では、例えば、冬に獲物が冬眠している時期、木の実等を食べられる個体は、肉しか食べられない個体よりも生存に有利です。犬は本来、雑食傾向のある肉食動物です。「肉以外食べたら病気になる生き物」でも、「野菜を食べると病気になる」わけでもありません。また、食材の栄養素は加工度が増すに連れ失われるという事実があります。加工食品とフレッシュ食材、どちらも上手に活用したいですね。

たくさんの成分だって
食品で摂ればこんなにシンプル！

ドッグフードの袋に記載された原材料を確認すると、聞きなれない成分がびっしり。一見難しそうですが、防腐剤や添加物以外は全部身近な食材へ置き換えられます。しかも食品で摂れば、一度に沢山の栄養素を摂取できるメリットも！

ドッグフードに記載されている成分	置き換え食材
(例1) ● アミノ酸キレート化銅 ● ナイアシン ● パントテン酸カルシウム ● パントテン酸 ● ビオチン ● ビタミンAアセテート（ビタミンA酢酸） ● ビタミンA酢酸塩 ● ビタミンB12 ● ビタミンB12増補剤 ● 塩化コリン ● 炭酸コバルト ● 銅蛋白	**牛レバー**
(例2) ● ナジオン重亜硫酸ナトリウム（活性型ビタミンK源） ● ユッカエキス ● ユッカ抽出物 ● 枯草菌醗酵物 ● 黒麹菌醗酵物 ● 粗灰分 ● 腸球菌醗酵物 ● 乳酸球菌醗酵物 ● 米麹菌醗酵物	**納豆**
(例3) ● アミノ酸キレート化亜鉛 ● 酸化亜鉛 ● 葉酸 ● 硫酸亜鉛	**小松菜**
(例4) ● アミノ酸キレート化マンガン ● マンガン蛋白 ● 酸化マンガン ● 硫酸マンガン	**のり**

一回量の目安は「頭の鉢のサイズ」です！

食事量の目安

手作り食で一番多く寄せられるご質問が、「食事量の目安」です

1回に与える量と1日の食事回数は？

正確な答えは「一頭一頭異なりますので、食べさせてみてどうなるか？を観察して調節するしかありません」です。ただ、一つの目安としてご紹介するならば「頭の鉢のサイズ」がまずの基準となります。そして、太るようなら量を減らすか、量はそのままで野菜の割合を増やしてみてください。反対に、やせていくようでしたら、量を増やすか、量はそのままでごはんや肉の割合を増やすことで調整可能です。

1回分の食事量の目安は犬の頭の鉢の大きさを目安に

換算表を利用した場合の食事量の目安

ライフステージ	換算率	食事回数	小型犬	中・大・超大型犬
離乳食期	2	4	生後6～8週目	生後6～8週目
成長期前期	2	4	生後2～3カ月	生後2～3カ月
成長期	1.5	3	生後3～6カ月	生後3～9カ月
成長期後期	1.2	2	生後6～12カ月	生後9～24カ月
成犬維持期	1	1～2	生後1～7年	生後2～5年
高齢期	0.8	1～2	生後7年目以降	生後5年目以降

※ライフステージ別換算表

体重別換算指数表

体重（kg）	換算率
1	0.18
2	0.30
3	0.41
4	0.50
5	0.59
6	0.68
7	0.77
8	0.85
9	0.92
10	1.00
11	1.07
12	1.15
13	1.22
14	1.29
15	1.36
16	1.42
17	1.49
18	1.55
19	1.62
20	1.68
21	1.74
22	1.81
23	1.87
24	1.93
25	1.99
26	2.05
27	2.11
28	2.16
29	2.22
30	2.28

体重（kg）	換算率
31	2.34
32	2.39
33	2.45
34	2.50
35	2.56
36	2.61
37	2.67
38	2.72
39	2.77
40	2.83
41	2.88
42	2.93
43	2.99
44	3.04
45	3.09
46	3.14
47	3.19
48	3.24
49	3.29
50	3.34
51	3.39
52	3.44
53	3.49
54	3.54
55	3.59
56	3.64
57	3.69
58	3.74
59	3.79
60	3.83

体重（kg）	換算率
61	3.88
62	3.93
63	3.98
64	4.02
65	4.07
66	4.12
67	4.16
68	4.21
69	4.26
70	4.30
71	4.35
72	4.39
73	4.44
74	4.49
75	4.53
76	4.58
77	4.62
78	4.67
79	4.71
80	4.76
81	4.80
82	4.85
83	4.89
84	4.93
85	4.98
86	5.02
87	5.07
88	5.11
89	5.15
90	5.20

（例）生後4カ月の成長期・体重8kgの場合

ライフステージ別換算表の指数は1.5。
体重別換算指数表の指数は、体重8kgの場合は0.85となります。
基準となる体重10kgの成犬の1日に必要となる食事量は400gなので、
400g×1.5×0.85＝510g
このように、それぞれの換算表の指数を掛けるだけで各材料の分量も算出できます。
たとえば、基準となるおじやのごはんの量が100gとすると、
100g×1.5×0.85＝127.5g
同じ方法で他の材料についても算出できるので、目安にするといいでしょう。

お腹がデリケートな子は徐々に移行してください

手作りごはんへの移行方法

中には突然の変化にとまどう子もいます

私達が、朝に和食、昼に中華、夜に洋食と食べて大丈夫なように、ほとんどの子がこれまで慣れ親しんできた食生活からいきなり手作り食に変わってもそう大きな問題はなく、スムーズに受け入れてくれます。ただ、何らかの病原体感染や、他の理由で腸がデリケートな状態にある子は、突然の環境の変化にとまどい、お腹の調子が不安定になることもあります。一過性の下痢は「腸内環境のリセット」として考えられますが、心配な場合は徐々に移行することをおすすめします。

移行プログラム

日数	今までの食事量		手作り食の量
1〜2日目	9	対	1
3〜4日目	8	対	2
5〜6日目	7	対	3
7〜8日目	6	対	4
9〜10日目	5	対	5
11〜12日目	4	対	6
13〜14日目	3	対	7
15〜16日目	2	対	8
17〜18日目	1	対	9
19〜20日目	0	対	10

お腹を壊したら薬よりくず！

最愛の子が突然下痢になったとき、飼い主さんがびっくりするのは無理もありません。そんなときにあわてないためにも「お腹を壊したら薬よりくず！」と覚えておいて下さい。くずは、その粘りけが腸の内壁を優しく保護してくれるため、腸内環境を整えたいときに活用したい食材です。それ以外にも、血行促進から肝臓や腎臓の 機能向上、免疫機構を高めたり、自律神経を安定させる効果も期待できます。くずは大量生産できないために高価ですが、それだけの価値はあるのです。

くず湯・くず練りレシピ

【材料】

本くず粉　大さじ1（くず湯の場合）
　　　　　大さじ3（くず練りの場合）
だし、肉・魚のゆで汁など
　180～240㎖（好みの分量）

【作り方】

1　鍋にくずを入れ、少量の水（分量外）を加えて、ダマができないように溶く。
2　だしまたはゆで汁を加えてよく混ぜて火にかけ、木べらなどで透明になってとろみが出るまで絶えず混ぜながら火を通す。
3　よく冷まして器に盛る。

栄養スープ

【材料】

野菜、肉、魚、海藻、きのこ　各適量

【作り方】

1　鍋に材料を入れ、かぶるくらいの水を加えてふたをして、弱火で30～40分ほど煮る。
2　煮汁をキッチンペーパーなどで濾して冷ます。

※まとめて作って、冷凍保存すると便利。

症状・目的別 愛犬のための食事百科 CONTENTS

PART 2 病気撃退レシピ …… 43

PART1

健康なカラダを作るごはん

全国の実践家が実証してきた目安です

手作りごはんの基本

「栄養バランスが崩れそうで心配」という飼い主さんは、まずこの目安からスタートして下さい。

栄養バランスの不安は3群＋α＋水で解決！

手作り食は、粉を固めて作るフードと異なり、条件を一定にすることが難しいため、科学的なデータになりにくく、その結果、経験から予測するしかありません。

当初私は、ペットフードの基準の一つであるAAFCO（アフコ）基準に照らし合わせて割と厳密なレシピ指導をしておりました。しかし、飼い主さんから「毎日続けるのが大変です」という相談が出てきたのです。

無理なく続けられることが愛犬の健康の秘訣

そして「先生に内緒でこっそり『適当』にやっていました。でも、こんな食事でも元気になりました！」という告白をされた方がほとんどだったのです。手作り食は「無理なく続けられること」がとても重要です。この「穀類：肉・魚類：野菜類＝1：1：1＋α」は、厳密な栄養計算をしなくても、元気になれると全国の手作り食 実践家が「実践で役立つ」ことを証明してくださいました。

具材の組み合わせ方

1群		2群		3群		油脂／風味づけ
穀類	＋	肉・魚・卵・乳製品	＋	野菜・海藻	＋	油脂 風味づけ

比率

1 ： 1 ： 1 ＋ α

手作りごはん＝3群＋α＋水

1群

愛犬の元気のもと。エネルギー源として不可欠！

穀類グループ

含まれる食材 ▶ 白米、玄米、うどん、そば、雑穀、パスタ、芋類　ほか

＋

2群

丈夫な体づくりに欠かせない動物性たんぱく質

肉・魚・卵・乳製品グループ

含まれる食材 ▶ 鶏肉、牛肉、豚肉、レバー、青魚、卵、チーズ、貝類　ほか

＋

3群

体内バランスを整えて体の不調を改善する！

野菜・海藻グループ

含まれる食材 ▶ 緑黄色野菜、キャベツ、きのこ、大豆製品、海藻類　ほか

＋

α

仕上げの香りづけにも効果的

油脂グループ

含まれる食材 ▶ 鶏皮、植物性油ほか

α

手づくり食の基本は香りのよいスープ

風味付けグループ

含まれる食材 ▶ 煮干、小エビ、削りガツオ、じゃこ　ほか

＋

たっぷりの水分

まずは、これからスタートしてみましょう！

お助け万能レシピ

難しい栄養学を勉強しなくて大丈夫です。多くの飼い主さんがこのレシピからスタートしています。レッツ・トライ！

難しいことヌキ！
ドッグフードのように手軽。
だから毎日続けられる
栄養満点おじや

生活習慣病撃退栄養素 Best5

1 食物繊維
腸内の有害物質の排出、がん予防、肥満防止
含まれる食材 ----- ごぼう、ブロッコリー、さつまいも、小豆、ひじき、わかめ、玄米、いんげん、アーモンド

2 EPA・DHA
血栓溶解で血液サラサラ、中性脂肪を減らす
含まれる食材 ----- アジ、サバ、ウナギ、マグロ、ブリ、鮭
サンマなどの主に青魚に多く含まれる

3 ミネラル
体の代謝をサポートする
含まれる食材 ----- ひじき、わかめ、こんぶ、玄米、高野豆腐、ちりめんじゃこ、大豆

4 抗酸化物質（ビタミンA、C、Eやイソフラボン、ポリフェノールなど）
活性酸素の除去
含まれる食材 ----- 鮭、大豆、ピーナッツ、しいたけ、しめじ、キャベツ、にんにく、緑黄色野菜にも含まれる

5 サポニン
老廃物を排出、コレステロールの吸収抑制、自然治癒力を高める
含まれる食材 ----- 大豆、豆腐、小豆、おから、味噌、黒豆、アスパラガス

体力増強！健康な体をつくる

鮭と緑黄色野菜のおじや

調理POINT

「免疫力強化のビタミン群を含む野菜、ミネラル分の宝庫である海藻、良質なたんぱく質、糖質（ごはん）を組み合わせよう！ 決まった材料よりも、季節の野菜や魚で作るのがオススメ。炒めて煮れば、脂溶性・水溶性ビタミンが効率よく摂取できます。ワカメやシイタケは粉末にしておくと便利。」

【材料】

- **鮭**
  DHA・EPAを含むたんぱく源
- **玄米ごはん**
  ミネラル分を多く含むエネルギー源
- **ニンジン**
  β-カロテンの宝庫。緑黄色野菜の代表格
- **小松菜**
  アクが少なく使いやすい青菜、β-カロテンやビタミンCが豊富で免疫力強化に最適
- **ごぼう**
  食物繊維が豊富で腸内のおそうじにオススメ
- **豆腐**
  大豆サポニンを含む。自然治癒力をサポート
- **シイタケ**
  β-グルカンで免疫力強化
- **ごま油**
  エネルギー源

【作り方】

1. 鮭、ニンジン、小松菜、ごぼう、豆腐、シイタケは食べやすい大きさに切る。
2. 鍋にごま油を熱し、鮭とごぼう、ニンジンを炒めあわせる。
3. 豆腐、シイタケ、小松菜とごはんを入れ、具材がかぶる程度の水を加え、全ての材料がやわらかくなるまで煮る。人肌程度に冷まして器に盛る。

● 1群／穀類グループ　● 2群／肉、魚、卵、乳製品グループ
● 3群／野菜、海藻グループ　● α／油脂グループ　● α／風味付けグループ

幼犬（生後3週〜約1年）

カラダ作りと食の好みが決まる大切な時期です！

丈夫な身体作りのためにカルシウムとタンパク質だけでなく、「全て」の栄養素が必要です。いろいろ食べさせて下さい。

基本の健康管理

人間が離乳食で丈夫に成長するように、犬も手作り食で健康に育ちます。「栄養バランスが崩れないかしら…」と心配される方がいらっしゃいますが、「毎日おかゆにキャベツ」という極端な食事にならない限り大丈夫です。また、この時期は食の好みが決まる時期でもあります。好き嫌い無く、何でも食べられる子になるよう、様々な食材を経験させてください。結局、偏食でない子は丈夫です！

幼犬が積極的に摂りたい栄養素 Best5

1 タンパク質
筋肉や臓器、血液などを構成する成分として最も重要！

含まれる食材 ----- **鶏卵、牛モモ肉、豚モモ肉、鶏肉（ささみ、ムネ）、タラ、イワシ、カツオ**

2 カルシウム
骨や歯を丈夫にする

含まれる食材 ----- **ちりめんじゃこ、さくらえび、大豆、海藻類、ヨーグルト**

3 ビタミンD
カルシウムやリンの吸収を促し、丈夫な骨を作る

含まれる食材 ----- **イワシ、サバ、干ししいたけ、しめじ、卵黄、鶏レバー、ちりめんじゃこ**

4 ビタミンE
感染症へ抵抗力アップ！

含まれる食材 ----- **クルミ、植物油、大豆、かぼちゃ かつお、春菊**

5 ビタミンC
感染症へ抵抗力アップ！

含まれる食材 ----- **大根、ブロッコリー、カリフラワー、かぼちゃ、小松菜、さつまいも、ニンジン、パプリカ、トマト**

消化吸収しやすい野菜のすりおろしがミソ

牛肉とかぼちゃのスープごはん

調理POINT
「筋肉や骨を作るたんぱく質は、脂肪の少ない赤身肉を使用しましょう。最後に植物油を加えてビタミンEを補給。」

【材料】

●牛モモ肉
骨や筋肉、血液などの主成分で、成長促進するビタミンB_2も豊富

●ごはん
消化しやすく、やわらかく炊いたご飯を使用

●かぼちゃ
ビタミンCとビタミンEを豊富に含む。甘みがあり、好物の犬が多い

●キャベツ
ビタミンCを含み、胃粘膜にやさしいビタミンUも豊富

●ブロッコリー
ビタミンCの含有量はトップクラス。肌や骨の健康維持に働く

●ニンジン
β-カロテンとビタミンCが免疫力を高めて感染症予防に

●ちりめんじゃこ
カルシウムとカルシウムの吸収を促進するビタミンDを含む。だし感で嗜好性もUP

●オリーブオイル
ビタミンE源

【作り方】

1 野菜はフードプロセッサー（おろし金、すり鉢でも可）でペースト状にし、牛肉は食べやすい大きさに切っておく。

2 フライパンで牛肉を炒め、赤みがなくなったら1の野菜とやわらかく炊いたご飯、じゃこ、具材がかぶる程度の水を加え全体に火が通るまで煮る。

3 人肌に冷ましてから、オリーブオイルを小さじ1程度加える。

※だんだん慣れてきたら、すりおろしの野菜を刻み野菜に変更してもOK

1

2

3

● 1群／穀類グループ　● 2群／肉、魚、卵、乳製品グループ
● 3群／野菜、海藻グループ　● α／油脂グループ　● α／風味付けグループ

丈夫な骨を作るごはん

イワシのつみれ汁

調理POINT

「煮干のだしでカルシウムを補給。カルシウムを効率よく吸収するため、ビタミンDを豊富に含む干しシイタケを刻んでプラス。椎茸は天日で干すことでビタミンDの含有量がアップ。」

【材料】

●**イワシ**
カルシウムとビタミンDの含有量が豊富。成長期にとりたい食材

●**麩**
小麦タンパクが豊富。エネルギー源として活用

●**シイタケ**
ビタミンDを豊富に含み、カルシウムの吸収を助け、丈夫な骨を作る

●**大根**
生ですりおろしてビタミンC補給を。胃腸にやさしく、消化がいい

●**小松菜**

基礎体力を作って、感染症を撃退

チキンハンバーグ緑黄色野菜あんかけ

【材料】

●**鶏ムネ肉（挽き肉）**
必須アミノ酸のバランスも良く、ビタミンA効果で免疫力UP

●**卵**
栄養バランスに優れ、体力増強に最適

●**パン粉**
ビタミンB_1、B_2を含むエネルギー源

●**水煮大豆**
植物性のタンパク源で畑の肉と呼ばれる。感染症予防のビタミンEも豊富

●**ミックスベジタブル（ニンジン・グリーンピース、コーン）**
β-カロテンが豊富なニンジン、エネルギー源となるコーン、排泄を促進するサポニンを含むグリーンピースで老廃物の排泄と感染症を予防。

●**パプリカ**
β-カロテン、ビタミンCが豊富。ビタミンPも含むので加熱調理の際

DHAで賢い脳を育てる

鮭のコーンクリームおじや

調理POINT

「DHAを豊富に含み、消化吸収に優れた鮭で脳神経の働きをサポート」

【材料】

●**鮭**
豊富なDHAを含むタンパク源。消化吸収に富んでいる

●**卵**
タンパク源でビタミンDも豊富。半熟のほうが消化しやすい

●**ヨーグルト**
乳製品は吸収率の良いカルシウム源

●**ごはん**
エネルギー源。残りごはんでOK

●**クリームコーン**
エネルギー源。粒コーンをペーストにしても可

●**トマト**
ビタミンCを摂取するには生で食

ビタミンC、カルシウムが豊富。含まれるβ-カロテンは整腸作用も促進してくれる

●ニンジン
β-カロテンとビタミンCが免疫力を高め、感染症予防に

●ワカメ
メカブを使えばトロトロ食感が楽しめる

●煮干
カルシウムとビタミンDの含有量が豊富な小魚で効率的にカルシウムを補給

●ごま油
ビタミンE源

【作り方】

1 イワシは大きな骨を取り除き、フードプロセッサーですりつぶし、一口大に丸めてつみれを作る。野菜は食べやすい大きさに切る。

2 鍋にカップ1程度の水、煮干を加えて沸騰させてだしをとる。野菜を加えて再沸騰したら、**1**のつみれとつぶして粉状にした麩を加えて火を通す。

3 人肌程度まで冷ましたらごま油と刻んだワカメを加える。

のビタミンCの損失が少ない。

●くず粉
消化しやすいエネルギー源で胃腸の調子を整える

【作り方】

1 水煮大豆はフードプロセッサーでペースト状にする。パプリカはみじん切りにする。

2 ボウルに鶏挽き肉、パン粉大さじ2、卵1個と**1**の大豆を加えて混ぜあわせ、食べやすい大きさのハンバーグにし、フライパンで両面こんがりと焼く。

3 鍋にミックスベジタブルとパプリカ、具材がかぶる程度の水を入れてひと煮立ちしたら、水溶きくず粉でとろみをつけ、**2**のハンバーグにかける。

調理POINT
「アミノ酸を豊富に含み、栄養バランスの優れた卵と高たんぱくで低脂肪の鶏ムネ肉を組み合わせ、骨・筋肉など健康な体作りを応援。」

べるのが効率的。酸味がたんぱく質の消化を助ける

●ブロッコリー
ビタミンCを含み、肌や骨の健康を維持する

●しめじ
ビタミンDを含み、うまみの素グルタミン酸も含む

●オリーブオイル
ビタミンE源

【作り方】

1 鮭、野菜は食べやすい大きさに切る。しめじと、半熟にゆでた卵をみじん切りにする。

2 フライパンで**1**の鮭を小さじ1のオリーブオイルで表面の色が変わるまで焼き、具材がかぶる程度の水、クリームコーン½カップ、ヨーグルト大さじ1、**1**のしめじ、ごはんを加えて煮る。

3 **2**の沸騰前に食べやすい大きさにしたブロッコリーを加えて一煮立ちさせ、火を止めてからトマトを加え、卵をトッピングする。

● 1群／穀類グループ　● 2群／肉、魚、卵、乳製品グループ
● 3群／野菜、海藻グループ　● α／油脂グループ　● α／風味付けグループ

母犬（妊娠期・授乳期）

子育てに必要な栄養を十分に補給しましょう

健康な子供を育てるために、子供の分も栄養が必要です。太りすぎに注意しつつ、食事を多めに食べさせてください。

基本の健康管理

子育てには栄養もエネルギーも必要です。丈夫な子が育つためには、妊娠期と授乳期の栄養補給がとても重要です。犬の妊娠期間は平均9週間（63日間）ですが、必要なカロリーの変化は、妊娠6週（42日間）までは成犬維持量で問題ありません。しかし、妊娠7週目（43日目以降）には成犬維持量の1・25〜1・5倍のエネルギーが、そして授乳期は2〜3倍（実際には自由摂取）のエネルギーが必要です。

母犬が積極的に摂りたい栄養素 Best5

1 ビタミンE
ストレスに抵抗するため

含まれる食材 ----- **クルミ、植物油、大豆、カツオ、春菊**

2 ミネラル
体の代謝をサポートするため

含まれる食材 ----- **ちりめんじゃこ、さくらえび、大豆、わかめ、こんぶなどの海草類**

3 タンパク質
胎仔の体育成のため

含まれる食材 ----- **鶏卵、牛モモ肉、豚モモ肉、鶏肉（モモ、ムネ）、鮭、アジ、イワシ、サバ**

4 カルシウム
胎仔の骨格形成にとられるため

含まれる食材 ----- **ちりめんじゃこ、チンゲン菜、大豆、さくらえび、ヨーグルト、海藻、小松菜**

5 EPA・DHA、オメガ3脂肪酸
仔犬の脳細胞を発達させるため

含まれる食材 ----- **イワシ、サンマ、アジ、ブリ、サバ、くるみ、ごま、亜麻仁油、えごま油、煮干し、ちりめんじゃこ**

豊富なたんぱく源とカルシウムで母体の健康を保つ

豚肉の炒飯　スクランブルエッグのせ

調理POINT

「消化吸収が良く栄養バランスに優れた卵とおからに、カルシウム源のヨーグルトを加えてスクランブルエッグに。卵に含まれるビタミンDがカルシウムの吸収をサポート。」

【材料】

●**豚モモ肉**
ビタミンB群が豊富。タンパク質の代謝を促進。

●**卵**
必須アミノ酸を豊富に含み、体力の増強に

●**ヨーグルト**
消化吸収しやすいカルシウム源。精神の安定にも効果的

●**ごはん**
エネルギー源

●**くるみ**
ビタミンE源。高カロリーでスタミナ増強

●**パプリカ**
ビタミンCを含み、ビタミンPをあわせもつため加熱しても損失が少ない

●**ブロッコリー**
ビタミンCの含有量が多く、免疫機能の強化と病原体に対する抵抗力を高める

●**ニンジン**
β-カロテンとビタミンCが免疫力を高め、感染症予防に

●**おから**
畑の肉と呼ばれる大豆を食べやすく。便秘解消にも

●**オリーブオイル**
ビタミンE源

【作り方】

1 くるみは細かく刻み。パプリカ、ブロッコリー、ニンジン、豚肉は食べやすい大きさに切る。

2 卵、おから、ヨーグルトは溶いてよく混ぜ合わせ、スクランブルエッグにする。

3 鍋にオリーブオイルを熱し、**1**の具材とごはんを加えて炒める。器に盛ったら**2**のスクランブルエッグをトッピングして完成。

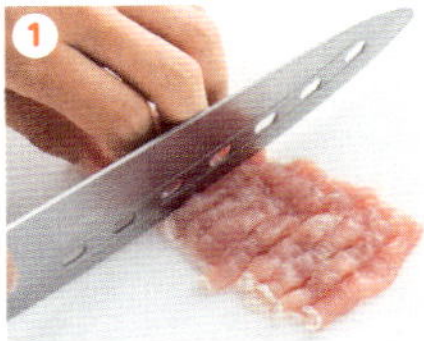
1

2

3

ひじき、ちりめんじゃこでカルシウムたっぷりごはん

アジと雑穀の納豆だし茶漬け

調理POINT
「ミネラル豊富な雑穀ご飯に、うまみ成分豊富なアジを組み合わせ、ビタミンE源としてすりごまを使用する。」

【材料】

- **アジ** ビタミンD、ビタミンB2、カルシウムで子供の成長促進に
- **雑穀ごはん** ビタミン、ミネラルを含み、子供の体力増強に
- **ひじき** 不足しがちなミネラル分の補給
- **小松菜** カルシウムを含む野菜。ビタミンKで骨を強化
- **すりごま** ビタミンE源。代謝UPで体の機能を強化

たんぱく質とDHAが豊富な青魚で丈夫な胎児を育てる

サバのそうめんちゃんぷるー

【材料】

- **サバ** タンパク源。DHAとビタミンDを含み、カルシウムの吸収を補助
- **そうめん** 消化が良く、食欲不振のときのエネルギー源としておすすめ
- **春菊** ビタミンEを含む。あくも少ないので食べやすい
- **わかめ** ミネラル源。乾燥わかめを使用する場合は水で戻す
- **豆腐** 大豆オリゴ糖で腸の消化吸収を助ける
- **ニンジン** β-カロテンとビタミンCが免疫力を高め、感染症を予防
- **ごま油** ビタミンE源
- **さくらえび**

母犬の脱毛予防やストレス緩和はレバーにおまかせ

鶏と玄米のおじや

調理POINT
「レバーには、脱毛予防に効果的なビオチン、皮膚の健康維持を助けるビタミンA、B2、ストレスの緩和作用があるパントテン酸、ビタミンEが総合的に含まれるので有効活用を。」

【材料】

- **鶏レバー** 良質なたんぱく源。皮膚の健康維持やストレス緩和に効果的な栄養素を含む
- **鶏ムネ肉** 皮にはコラーゲンが豊富。タンパク質は肌や粘膜を健康に保つ
- **玄米** ビタミンB群で疲労回復
- **ゆで大豆** ミネラル分を含むたんぱく源
- **かぼちゃ** 皮膚の健康維持はもちろん、免疫力向上のために

●**納豆**
高タンパク低カロリー。女性ホルモンの分泌を助けるイソフラボンに富む
●**キャベツ**
ビタミンUで胃粘膜保護
●**ちりめんじゃこ**
カルシウム、ビタミンDが豊富。だし感で食欲増進

【作り方】

1 雑穀ご飯をやわらかく炊く。キャベツをみじん切りにし、納豆と混ぜ合わせる。

2 アジをこんがり焼き、身をほぐす。鍋にじゃこ、みじん切りにしたひじき、1カップの水を加えて煮込み、最後にみじん切りにした小松菜とアジの身を加えてひと煮立ちする。

3 器にごはんを盛り、**1**の納豆キャベツと**2**をかけて完成。

カルシウム源になるほか、だし感で食欲UP

【作り方】

1 春菊、わかめ、ニンジンはフードプロセッサーでみじん切りにし、サバは食べやすい大きさに切る。そうめんは食べやすい長さに折って、やわらかく茹でておく。

2 熱した鍋に小さじ1のごま油、さくらえびと**1**のサバを入れて両面に焼き色が付くまで炒め、**1**のニンジン、ワカメと崩した豆腐を加える。

3 全体に火が通ったらそうめんを加え、最後に春菊を入れて炒め合わせる。

調理POINT
「だしの風味と焼いた魚の香りで母犬の食欲を刺激。DHA、EPAは脂に含まれるため炒め調理がオススメ」

●**ニンジン**
β-カロテンが豊富。甘みがあるので好まれる
●**干ししいたけ**
パントテン酸を含み、免疫力向上効果アリ
●**チンゲン菜**
β-カロテンを含む
●**オリーブオイル**
ビタミンEでストレス緩和
●**すりごま**
オメガ3脂肪酸を含むビタミンEも合わせて摂取

【作り方】

1 鶏レバー、鶏ムネ肉、かぼちゃ、ニンジン、チンゲン菜は食べやすい大きさに切る。しいたけは細かく刻む。

2 鍋にオリーブオイルを熱し、レバーと鶏肉を炒め、玄米、大豆、かぼちゃ、ニンジン、しいたけを加え、具材がかぶる程度の水を加えてやわらかくなるまで煮る。

3 最後にチンゲン菜とすりごまを加え、人肌程度に冷まして完成。

● 1群／穀類グループ　● 2群／肉、魚、卵、乳製品グループ
● 3群／野菜、海藻グループ　● α／油脂グループ　● α／風味付けグループ

良く運動する子はよく食べるものです

運動量の多い犬

運動で消費したカロリー補給はもちろんのこと、疲労回復・筋肉強化のために、アミノ酸やビタミンの補給が重要です。

基本の健康管理

牧羊犬のように、犬種によっては「日長一日」走り回る特性を持つ子がいます。また、競技を楽しむ子もいます。人間でも、学生時代に運動部にいた人はたくさん食べる傾向があるし、運動をあまりしない方はそれほど食べない傾向があります。それと同じように、犬も運動量に応じて食事量と食材の割合を変える必要があります。疲労回復や筋肉増強のために、アミノ酸やビタミンがより必要となります。

運動量の多い犬が積極的に摂りたい栄養素 Best5

1 アミノ酸

運動した後の筋肉を修復するため

含まれる食材 ----- **鶏卵、牛モモ肉、豚モモ肉、鶏肉（ササミ、ムネ）、レバー（牛、豚、鶏）、イワシ、ブリ、鮭、カツオ、マグロ、ウナギ**

2 ビタミンB_6

蛋白質の代謝を促進するため

含まれる食材 ----- **豚モモ肉、牛レバー、イワシ、鮭、サバ、マグロ、バナナ、ゴマ、納豆、きなこ**

3 ビタミンC

筋肉や骨を結合するコラーゲンの構成に欠かせない

含まれる食材 ----- **大根、ブロッコリー、カリフラワー、かぼちゃ、小松菜、さつまいも、ピーマン、パセリ、トマト**

4 ビタミンE

抗ストレス

含まれる食材 ----- **クルミ、植物油、大豆、かつお、春菊、ごま**

5 ビタミンA・β-カロテン

細菌感染の予防、粘膜を強化

含まれる食材 ----- **レバー（牛、豚、鶏）、卵黄、ほうれん草、小松菜、ニンジン、カボチャ、パセリ**

ビタミンE・C、パントテン酸で心身共にストレス緩和

鮭と野菜の雑穀ぞうすい

調理POINT

「ストレス緩和のためにビタミンE、パントテン酸を摂取し、ビタミンCで抗ストレスとコラーゲンの生成を行う。ビタミンCを効率よく摂取するために、スープごと食べられるお粥にする。パントテン酸を含み、良質なたんぱく源である鮭をメイン食材に」

【材料】

●**鮭**
パントテン酸、ビタミンB群・D・Eを総合的に含む

●**パルメザンチーズ**
香りで食欲増進、カルシウム源

●**雑穀米**
ビタミン、ミネラルを含み、体力増強

●**かぼちゃ**
β-カロテン、ビタミンC・Eを含む。皮膚の健康維持、免疫力向上に

●**ブロッコリー**
ビタミンCが豊富。免疫力強化と病原体に対する抵抗力をアップ

●**ニンジン**
β-カロテンとビタミンCが免疫力を高めて感染症予防に

●**いんげん**
たんぱく質、炭水化物が豊富な野菜。カルシウム、鉄も含む

●**干ししいたけ**
パントテン酸を含み、免疫力向上効果も

●**オリーブオイル**
ビタミンE

【作り方】

1 鮭、かぼちゃ、ニンジン、ブロッコリー、いんげんは食べやすい大きさに切る。

2 鍋にオリーブオイルを熱し、鮭、かぼちゃ、ニンジンを炒めあわせ、具材がかぶる程度の水を加えたら雑穀米とみじん切りにした干ししいたけを加えて煮る。

3 具材に火が通ったら、ブロッコリーといんげんを加えてひと煮立ちさせ、パルメザンチーズをトッピングする。

1

2

3

● 1群／穀類グループ　● 2群／肉、魚、卵、乳製品グループ
● 3群／野菜、海藻グループ　● α／油脂グループ　● α／風味付けグループ

アミノ酸たっぷりごはんで筋肉形成をサポート

豚肉たっぷりパスタ

調理POINT

「運動後の筋肉形成に役立つアミノ酸の補給、たんぱく質の代謝をUPするビタミンB_6も合わせて摂取。緑黄色野菜もたっぷり摂って、感染症に負けない体を育成！」

【材料】

●**豚モモ肉**
ビタミンB群が豊富。疲労回復、タンパク質の代謝を促進し体を活性化

●**マカロニ**
エネルギー源

●**ピーマン**
ビタミンCが豊富。ビタミンPも含むためビタミンCの加熱による損失が少ない

●**キャベツ**
消化不良を防ぐビタミンUを含

ビタミンB_1＋山芋で疲労回復、疲労蓄積を防ぐ

カツオと納豆のとろろごはん

【材料】

●**カツオ**
疲労回復、ナイアシンで代謝UP。健康で丈夫な体をつくる

●**卵黄**
ビタミンDを含む。消化しやすいように生卵（卵黄のみ使用）で食す

●**玄米ごはん**
ビタミン類を豊富に含む。ビタミンB群で疲労回復

●**納豆**
高タンパク低カロリー

●**山芋**
ヌルヌル成分で胃腸粘膜保護。でんぷん分解酵素アミラーゼで疲労回復

●**のり**
ビタミンB_1を含むミネラル源

●**すりごま**
ビタミンB群、ビタミンEで代謝UP。体の機能を強化

●**こんぶ**

競技会前のスタミナアップごはん

牛肉のトマトリゾット

調理POINT

「たんぱく質を中心とし、アミノ酸を補給することでスタミナアップ。食べなれないものを与えるよりも、日ごろ食べなれた食材を使用すること。ストレス対策のビタミンCを含む野菜を加え、消化しやすいよう煮込むのもポイント」

【材料】

●**牛モモ肉**
疲労回復効果のある鉄を含むほか、骨・筋肉の主成分となるタンパク質を豊富に含む。ビタミンB群も多い

●**カッテージチーズ**
カルシウム源。水分も豊富。神経の働きを整えるビタミンB_{12}も含む

●**ごはん**
エネルギー源

●**きな粉**

む。ビタミンKで骨作りも助ける

●ニンジン
免疫力を高め、感染症を予防

●ほうれん草
ビタミン、ミネラル豊富

●青海苔
ミネラル源

●ごま油
ビタミンEで抗ストレス

●鰹節
旨み成分イノシン酸を含み、ペプチドが疲労回復

●さくらえび
カルシウム源。だし感もあり風味をUP

【作り方】

1 豚肉、ピーマン、キャベツ、ニンジン、ほうれん草は食べやすい大きさに切る。
2 鍋にごま油を熱し、**1**の具材を軽く炒めて、具材がかぶるほどの水を加えたらマカロニを加えて煮る。
3 具材に火が通ったら鰹節、さくらえびと青海苔を加えて混ぜあわせる。

筋肉の働きをよくするカリウムを含む

●小松菜
カルシウムを含む野菜。ビタミンKで骨作りをサポート

【作り方】

1 山芋はすりおろし、カツオは食べやすい大きさに切る。
2 フライパンを熱して**1**のカツオを炒め、細かく刻んだこんぶを加えて具材がかぶるほどの水を加えて煮込む。
3 **2**が沸騰したら細かく刻んだ小松菜と炊いた玄米を加えて再沸騰したら火を止める。器に盛ったら、卵黄と混ぜた納豆、とろろ、のり、すりごまを乗せる。

調理POINT

「疲労回復ビタミンのビタミンB_1を含むたんぱく源（豚、カツオ、鮭、たら、鶏）を使用。山芋を組み合わせると筋肉の疲労をやわらげ、胃腸の調子を整えるため、とろろご飯にするとよい。」

植物性のタンパク源

●トマト
クエン酸で胃腸の調子を整える

●ブロッコリー
ビタミンCが豊富。免疫機能UPと抗ストレスに

●パプリカ
ビタミンC・Pをあわせ持ち、加熱によるビタミンCの損失が少ない

●パセリ
β-カロテン、ビタミンB_1を含む

●キャベツ
ビタミンUで胃粘膜強化

●オリーブオイル
ビタミンEで抗ストレス

【作り方】

1 牛肉、トマト、ブロッコリー、パプリカ、キャベツは食べやすい大きさに切る。
2 鍋にオリーブオイルを熱し**1**とごはんを炒め、具材がかぶる程度の水を加えてやわらかくなるまで煮る。
3 最後にひと煮立ちさせ、刻んだパセリ、カッテージチーズ、きな粉をトッピングする。

● 1群／穀類グループ　● 2群／肉、魚、卵、乳製品グループ
● 3群／野菜、海藻グループ　● α／油脂グループ　● α／風味付けグループ

成犬

太りすぎず、食材も偏らず育ててください

この時期に欲しいがまま食べさせるなど甘やかして育てると、高齢期の管理が難しくなります。気をつけましょう。

基本の健康管理

成犬期の健康管理は「健康維持」が最優先課題です。病気をしがちな子は免疫力強化を考えることも大切ですが、基礎体力を付けることで「何が来ても大丈夫！」な身体を作ることも重要です。十分な水分を摂って、「黄色が濃くて、臭いがキツイおしっこ」が出ないように気をつけていただきたいし、それよりなにより「肥満」を防ぐことが重要です。いろんな食材をまんべんなく食べさせてください。

成犬が積極的に摂りたい栄養素 Best5

1 糖質
体のエネルギー源

含まれる食材 ----- **白米、玄米、ハトムギごはん、ジャガイモ、サツマイモ**

2 脂質
体のエネルギー源

含まれる食材 ----- **オリーブオイル、ごま油などの植物油**

3 タンパク質
若々しい肉体の維持

含まれる食材 ----- **鶏卵、牛モモ肉、豚モモ肉、鶏肉（ササミ、ムネ）、タラ、鮭、アジ、イワシ、ヨーグルト**

4 ビタミンC
体の酵素反応や免疫力を高めるため

含まれる食材 ----- **大根、ブロッコリー、カリフラワー、かぼちゃ、小松菜、さつまいも、ピーマン、パセリ、パプリカ、トマト**

5 ミネラル
体の酵素反応や免疫力を高めるため

含まれる食材 ----- **ちりめんじゃこ、さくらえび、大豆、納豆、豆腐、玄米、海藻、ハトムギ**

ビタミンたっぷり美しい被毛や肌を保つ

チキンのトマトリゾット

調理POINT

「ビタミンA、B_2とビオチンを含む食材を良質なたんぱく源に加え、皮膚の健康を保つ。ビタミンAを効果的に摂取するためには油で炒めて調理する。」

【材料】

●**鶏ムネ肉**
ビタミンA、B_2、ビオチンを含むたんぱく源。皮付きでコラーゲン摂取

●**玄米**
胚芽に含まれるビタミンB群、Eとミネラルで体力増強。やわらかく炊いて消化吸収しやすくする

●**カリフラワー**
加熱で損失しにくいビタミンCで免疫力アップ

●**パプリカ**
ビタミンC・Pをあわせ持ち、加熱によるビタミンCの損失が少ない

●**トマト**
リコピンで免疫力アップ。細胞の老化を防ぐ

●**ほうれん草**
β-カロテン、ビタミンB群・Cと多彩なビタミンを含む元気の素

●**ニンジン**
β-カロテンの宝庫。緑黄色野菜の代表でビタミンB_2を含み皮膚の健康保つ

●**オリーブオイル**
ビタミンE源。ビタミンAを効率よく摂取するため使用

【作り方】

1 鶏肉、カリフラワー、パプリカ、トマト、ほうれん草、ニンジン、を食べやすい大きさに切る。

2 鍋にオリーブオイル小さじ1を熱し、**1**と炊いた玄米ごはんを入れて炒め合わせ、具材がかぶる程度の水を加えて煮る。

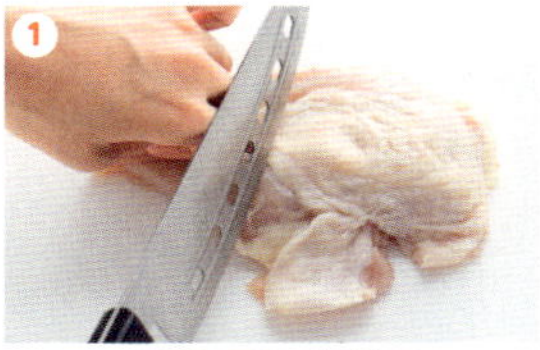

● 1群／穀類グループ　● 2群／肉、魚、卵、乳製品グループ
● 3群／野菜、海藻グループ　● α／油脂グループ　● α／風味付けグループ

食物繊維でおなかスッキリ、肥満予防

タラとおいもの具沢山スープ

調理POINT
「低カロリー食材タラとでんぷん質のお芋を組み合わせ、腹持ちが良く満足感の高いごはんに。食物繊維をたっぷり摂ることで便秘を解消」

【材料】

- **タラ**
  うまみ成分が多い。低カロリーでヘルシー
- **豆腐**
  消化吸収に優れた良質なタンパク質。大豆オリゴ糖で腸の働きをサポート
- **さつまいも**
  でんぷんが豊富でビタミンの損失が少なく、腹持ちが良い。食物繊維で便秘解消。コリンを含み脂肪肝予防
- **わかめ**

老廃物を溜め込まず、健康な若々しい体を保つ

豚ごぼうおじや

【材料】

- **豚ひき肉**
  ビタミンB群が豊富で、疲労回復や体の機能を活性化させる
- **ハト麦ごはん**
  水分、血液の流れをよくし、解毒作用がある
- **ごぼう**
  豊富な食物繊維で解毒、腸内の老廃物を排泄
- **小松菜**
  カルシウム含有量が多く、細胞生成に欠かせない亜鉛も豊富
- **しょうが**
  辛味成分に食欲増進効果アリ。新陳代謝を活発にする
- **ニンジン**
  β-カロテンとビタミンCが免疫力を高める
- **ブロッコリースプラウト**
  解毒作用あり。かいわれ大根で代用可
- **オリーブオイル**
  ビタミンEで抗ストレス

風味とうまみで嗜好性アップ

牛肉とひじきの炊き込みごはん

調理POINT
「栄養価が高く風味付けの目的でレバーを使用。うまみ成分のアミノ酸を豊富に含む昆布を加え、米の中までうまみを詰め込む」

【材料】

- **牛ひき肉**
  骨や筋肉の主成分となるたんぱく源
- **牛レバー**
  良質なタンパク源で栄養満点
- **白米**
  消化吸収しやすいエネルギー源
- **しめじ**
  ビタミンD、旨みの成分グルタミン酸を含む
- **ひじき**
  不足しがちなミネラルの補給
- **ニンジン**
  β-カロテンとビタミンCが免疫

食物繊維を含み、カルシウムや鉄などのミネラル源

●しいたけ
糖質、脂質の代謝をアップ。きのこはダイエットの味方

●白菜
ビタミンCを含み免疫力アップ、煮込むことで消化しやすくする

●ごま油
便秘解消、乾燥肌を防ぐため植物性油脂を使用

●煮干し
カルシウムやビタミンB群を含み、新陳代謝を活発にする

【作り方】

1 タラ、さつまいも、わかめ、しいたけ、白菜、豆腐は食べやすい大きさに切る。煮干は粉末にする。

2 鍋に**1**の材料と具材がかぶる程度の水を加え、やわらかくなるまで煮る。

3 人肌程度に冷まし、最後のごま油小さじ1をまわしかける。

煮干（ビタミンB1・ビタミンB2）
＋

わかめ（ヨウ素）
↓
基礎代謝促進

【作り方】

1 しょうがはすりおろし、ニンジン、ごぼうは食べやすい大きさに切る。ごぼうは水にさらしアク抜きをする。

2 鍋にオリーブオイルを熱し、**1**と豚ひき肉を加えて炒め、はと麦ごはんと、具材がかぶる程度の水を加え、やわらかくなるまで煮る。

3 **2**にみじん切りにした小松菜を加え、もうひと煮立ちさせる。最後にブロッコリースプラウトを加えて完成。

豚肉（動物性食品）
＋

ごぼう（食物繊維）
↓
整腸作用
便秘解消

調理POINT
「体内の機能を活性化するビタミンB群を含む豚肉と、解毒作用のある野菜を組み合わせて使用。水分たっぷりのおじやで老廃物を体外へ排出する」

力を高めて感染症予防に

●いんげん
たんぱく質、炭水化物を含む野菜。ビタミンCも含み免疫機能サポート

●かぼちゃ
ビタミンCとEを含み、犬が好む甘みがある

●ごま油
ビタミンE源

●粉末昆布
筋肉の働きをよくするカリウムを含む

【作り方】

1 レバー、しめじ、ひじき、ニンジン、かぼちゃ、いんげんは食べやすい大きさに切る。ひじきは水洗いして汚れをとる。

2 お釜に洗った米1合と分量の水を入れ、**1**の材料と粉末こんぶ、牛ひき肉を加えて炊く。

3 炊き上がったら全体を混ぜ、大さじ½のごま油を加える。

昆布・ひじき（カルシウム）
＋

しめじ（ビタミンD）
↓
骨、歯の健康維持

● 1群／穀類グループ　● 2群／肉、魚、卵、乳製品グループ
● 3群／野菜、海藻グループ　● α／油脂グループ　● α／風味付けグループ

老犬

変に年寄り扱いしないで下さい！

不必要に食材を小さく刻んだり、やわらかく煮込んだりする必要はありません。適度な刺激はむしろあった方がいいのです。

基本の健康管理

高齢になったからといって、過度に気遣いする必要はありません。できるだけ「無理のない範囲」で「今まで通りの生活」を送って下さい。ただ、この時期までに身体をある程度絞っておかないと、やせにくいですし、散歩も大変で、動かないのに食欲だけはあるという状態になって、困っている飼い主さんが多いのも事実です。野菜などカロリーの低いものでカサ増しし、健康維持に役立てて下さい。

老犬が積極的に摂りたい栄養素 Best5

1 ビタミンC
白内障予防

含まれる食材 ----- **大根、ブロッコリー、カリフラワー、かぼちゃ、小松菜、さつまいも、ピーマン、パセリ**

2 β―グルカン
免疫の活性化

含まれる食材 ----- **シイタケ、マイタケなどのきのこ類**

3 タンパク質
筋肉を落とさないため

含まれる食材 ----- **鶏卵、牛モモ肉、豚モモ肉、鶏肉（ササミ、ムネ）、タラ、鮭、アジ、イワシ、サバ**

4 ビタミンE
抵抗力アップ

含まれる食材 ----- **クルミ、植物油、大豆、カツオ、春菊**

5 EPA・DHA、オメガ3脂肪酸
痴呆防止

含まれる食材 ----- **イワシ、サンマ、アジ、ブリ、サバ、鮭、煮干し、ごま、くるみ、亜麻仁油、えごま油**

基礎代謝低下に対応。ヘルシーご飯で長生きしよう

あんかけうどん

調理POINT

「鶏肉も脂肪の少ない皮なしの鶏むね肉やささみを使えば、低脂肪高たんぱくに。体力や筋力を保持しながら、肥満を防ぐ。」

【材料】

●**鶏ささみ**
ビタミンA・B群を含むヘルシーな肉。淡白な味わいとやわらかな肉質が好まれやすい

●**うどん**
糖質が少なく、消化吸収しやすくヘルシーなエネルギー源

●**ニンジン**
β-カロテンとビタミンCが免疫力を高めて感染症予防に

●**白菜**
ビタミンCが豊富で煮込むとやわらかく、消化しやすい

●**まいたけ**
β-グルカンを含み、免疫力向上

●**春菊**
β-カロテンを含み、アクが少なく使いやすい食材

●**煮干し**
カルシウムやビタミンB群を含み、新陳代謝を活発にする

●**くず粉**
消化しやすいエネルギー源で、胃腸の調子を整える

【作り方】

1 鶏ささみ、うどん、ニンジン、まいたけ、白菜は食べやすい大きさに切る。煮干は粉末にする。

2 鍋に**1**の材料と具材がかぶる程度の水を加え、火が通るまで煮る。

3 **2**にみじん切りした春菊を加え混ぜ合わせ、水溶きのくず粉でとろみをつけて完成。

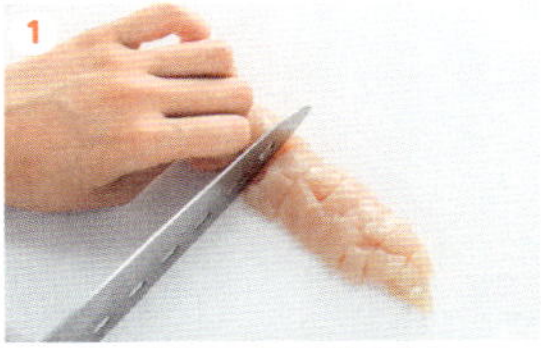

● 1群／穀類グループ　● 2群／肉、魚、卵、乳製品グループ
● 3群／野菜、海藻グループ　● α／油脂グループ　● α／風味付けグループ

食欲刺激、元気がでるごはん

ちりめんじゃこごはん

調理POINT

「ビタミンEとCで血行促進、免疫力を向上。抗酸化食材を加えて老化を防止。風味で嗅覚も刺激する。」

【材料】

- **卵**　必須アミノ酸を含む優秀なタンパク源
- **雑穀米**　ビタミン、ミネラルを含み、体力増強
- **しいたけ**　β-グルカンが免疫力向上
- **小松菜**　カルシウム含有量が多い野菜。肝機能を高め、解毒作用もアリ
- **すりごま**　ビタミンE源。抗酸化食品
- **油揚げ**　ビタミンE源。高たんぱく食品

免疫力を向上させる体力で健康を保つ

アジのとろろおじや

【材料】

- **アジ**　老化防止のDHAを含む。アミノ酸豊富で旨みがある
- **玄米ごはん**　食物繊維を含み、老廃物を体外へ排出
- **おから**　ビタミンと食物繊維で排泄促進、ダイエットにおすすめ
- **山芋**　ムチンを含み滋養強壮に。デンプンを消化する酵素あり
- **ブロッコリー**　β-カロテン、ビタミンCを豊富に含み、免疫機能をサポートする
- **かぼちゃ**　β-カロテン、ビタミンC・Eを含む。皮膚の健康維持、免疫力向上に
- **しいたけ**　β-グルカンを含み、免疫力向上

目の機能を活性化、白内障を予防する

鮭ぞうすい

調理POINT

「目に良いビタミンA・B_1・E・Cを含む野菜と視力回復効果のあるDHAが豊富な魚を組み合わせる。ビタミンを効率よく摂取するため、炒めてから煮る。」

【材料】

- **鮭**　DHAとビタミンEを含み老化を防止。アスタキサンチンは強力な抗酸化作用アリ
- **ホタテ**　視力低下を防ぐタウリンを含む
- **ごはん**　消化吸収しやすいエネルギー源
- **大根**　生ですりおろしてビタミンCを補給。胃腸に優しく消化が良い
- **キャベツ**　ビタミンUで胃粘膜に優しく、ビ

●オリーブオイル
ビタミンE源
●ちりめんじゃこ
カルシウムが豊富。犬が好む香り

【作り方】
1 しいたけ、小松菜、油揚げは食べやすい大きさに切る。
2 鍋に小さじ1のオリーブオイルを熱し、卵を割りほぐし炒り卵を作る。炊いた雑穀米とちりめんじゃこ、すりごまを加え、卵と炒め合わせる。
3 **2**に**1**の具材と水100ccを加え、全体に火が通るまで炒め合わせる。

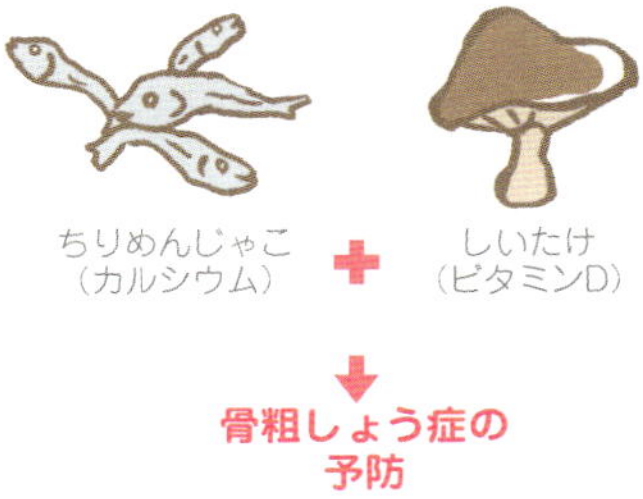

●オリーブオイル
ビタミンE源。便秘を防ぐため植物性油脂を使用

【作り方】
1 アジは3枚におろし、骨を抜き食べやすい大きさに切る。
2 鍋にオリーブオイルを熱し、アジとみじん切りにしたかぼちゃ、しいたけを炒め合わせる。炊いた玄米ごはん、おからも加え、具材がかぶる程度の水を加えてやわらかくなるまで煮る。
3 **2**に食べやすい大きさに切ったブロッコリーを加え、もうひと煮立ちさせる。人肌程度に冷めたら器に盛り、山芋のすりおろしをトッピングして完成。

調理POINT
「β-カロテンとビタミンCを含む緑黄色野菜で免疫力向上をサポート。頭も体も健康を保つためDHAを豊富に含む青魚をたんぱく源として使用する。」

タミンCも含む
●ニンジン
β-カロテン、ビタミンB_1、B_2、Cで目の健康を維持
●ほうれん草
β-カロテン、ビタミンB_1、B_2、Cで目の健康を維持
●しめじ
β-グルカンを含み、免疫力向上
●のり
ミネラル源。ビタミンB_2で細胞の生成を促す
●オリーブオイル
ビタミンE源

【作り方】
1 鮭、ホタテ、キャベツ、しめじ、ニンジン、ほうれん草は食べやすい大きさに切る。
2 鍋にオリーブオイルを熱し、**1**の具材とご飯を炒める。炒め合わせたら具材がかぶる程度の水を加えてやわらかくなるまで煮る。
3 人肌程度に冷まして器に盛り、大根おろしとのりをのせて完成。

● 1群／穀類グループ　● 2群／肉、魚、卵、乳製品グループ
● 3群／野菜、海藻グループ　● α／油脂グループ　● α／風味付けグループ

困ったときの豆知識

大変な病気ってわけじゃないけど、
ちょっと風邪気味のときのごはんって気になります。
早く元気になるためのポイントをお教えしましょう。

風邪を引いた時のごはん

風邪撃退Best5栄養素

1 タンパク質 免疫力の強化と感染症予防

含まれる食材 --------- 鶏肉、卵、牛肉、豚肉、イワシ、アジ、タラ、マグロ、鮭、豆乳、豆腐、大豆、乳製品

2 糖質 エネルギーとして活力となる

含まれる食材 --------- 白米、玄米、はとむぎ、うどん、そば、小麦、さつまいも、果物

3 ビタミンC 免疫機能のサポート、ストレスへの抵抗力

含まれる食材 --------- ブロッコリー、カリフラワー、ピーマン、トマト、かぼちゃ、ほうれん草、果物

4 ビタミンB1 疲労回復

含まれる食材 --------- 豚肉、鶏レバー、鮭、イワシ、玄米、大豆、納豆、豆腐、いんげん、ほうれん草

5 ビタミンA 粘膜の強化、感染症の予防

含まれる食材 --------- 鶏レバー、卵黄、ウナギ、のり、春菊、ニンジン、かぼちゃ、ほうれん草、小松菜、モロヘイヤ、チーズ

調理POINT

「高エネルギー、高タンパクで抵抗力を高める。消化吸収を助けるために、脂肪は少なめ、食物繊維を多く含む食材はやわらかく煮るかすりおろして、疲れた胃腸をサポートする。」

PART2

病気撃退レシピ

こんな行動を示していたら要注意

病気のサインを見逃すな！

愛犬の体調不良に気づいてあげるのは飼い主の役目です。「どこをチェックしたらいいのか？」の答えは左上にあります。

シグナルチェック！

「いつものこと」と気にしないのは要注意。愛犬からのサインに気づいてあげましょう。

- □ 1 寝てばかりいる
- □ 2 散歩に行きたがらない
- □ 3 目ヤニ、涙ヤケ
- □ 4 太っている
- □ 5 フケ・脱毛
- □ 6 毛づやが悪い
- □ 7 下痢
- □ 8 衰弱している
- □ 9 リンパ節がはれている
- □ 10 歯ぐきから血が出る
- □ 11 物にぶつかるようになった
- □ 12 しゃがんだのにオシッコが出ない
- □ 13 耳をひっかく
- □ 14 咳をする
- □ 15 足を引きずる
- □ 16 食べているのに痩せていく
- □ 17 呼吸が荒い
- □ 18 手足を頻繁になめる
- □ 19 耳が臭い
- □ 20 嘔吐
- □ 21 便秘
- □ 22 まっすぐ歩けない

病気が疑われる場合の対処法

基本は「動物病院に連れて行く」です。ただ、犬は我慢強い生き物ですから、パッと見てわかる症状が出てくる頃には状態がかなり悪化していることが少なくありません。「私がもっと早くに気づいていたら…」とご自身を責める飼い主さんが少なくないのですが、それは右記の理由から仕方のないことでもあります。だからこそ、日常のチェックが必要です。上のリストを参考にしてください。

実はこんな病気の恐れあり・・・

右ページの症状には、以下のような病気が疑われます。

1. 老化、各種体調不良
2. 老化、各種体調不良、足が痛い、精神的に嫌なことがある
3. 排泄不良
4. 老化、食べすぎ、運動不足、解毒途中
5. ホルモン、排泄不良、血行不良、薬の副作用
6. 消化器系疾患
7. 消化器不良、腸のリセット、ストレス、繊維不足、薬の副作用
8. ガン、肝臓病、消化器疾患、老化、脱水症状
9. 炎症、関節症、ガン
10. 歯周病
11. 白内障
12. 膀胱炎、結石症、腎炎
13. 外耳炎
14. 心臓病、フィラリア
15. 関節炎、脱臼、ケガ
16. 糖尿病、ガン
17. 吸器の病気（肺・鼻）、炎症
18. 排泄不良、ストレス
19. 外耳炎
20. 食事が合わない、ガン
21. 腸のリセット、ストレス、繊維不足
22. 足のケガ（棘が刺さっているなど）、関節炎、脳

病気改善と食事の関係

人間でも同じですが、「この食事を食べさえすれば病気が治ります！」という食事は存在しません。ただ、身体を作るのは間違いなく栄養素です。特定の栄養素「だけ」でいいのではなく、全ての栄養素が必要です。そして、栄養素の補給は食事からです。基本的には旬の食材を偏らずに摂ることが必要です。食材の身体への作用は薬と違ってマイルドですが、じわりじわりと効いてきます。病気は「身体のバランスが何らかの理由で崩れました、戻してください」というサインです。崩れたバランスを取り戻すために、食材のパワーを活用してください。

デトックスレシピ

週に一度はカラダの大掃除をしてください

病気になってから対処するのと、なる前からするのとでは、結果がまるで異なります。健康なうちからデトックスしよう！

体内で蓄積された老廃物を排泄し、健康な体を取り戻す。

老廃物排泄Best5栄養素

1 カリウム
体内の余分なナトリウムの排出

含まれる食材 ----- トマト、じゃがいも、さつまいも、山芋、納豆、いんげん、りんご、ひじき、ワカメ、昆布

2 食物繊維
腸内の有害物質の排出

含まれる食材 ----- ごぼう、ブロッコリー、さつまいも、小豆、ひじき、ワカメ、玄米、いんげん、アーモンド

3 タウリン
肝機能の強化、老廃物排出促進

含まれる食材 ----- 牡蠣、ホタテ、アサリ、シジミ、マグロ、サバ、イワシの血合い部分

4 アントシアニン
活性酸素の除去

含まれる食材 ----- 黒米、紫いも、紫キャベツ、ブルーベリー、なす、小豆、黒ごま

5 イオウ
有害ミネラルの排出

含まれる食材 ----- 大根、にんにく、卵、大豆、マグロ、牛乳、魚、肉

体内環境清浄化！
老廃物を排出しよう

納豆とろろおじや

調理POINT

「利尿作用や老廃物を排出する作用のある食材を組み合わせる。抗酸化物質を含む緑黄色野菜を加えるのも効果的。水分たっぷりで体内の老廃物を排出するのがポイント！　胃腸が弱くて心配な犬は、野菜をすりおろすか、細かく刻んでやわらかくなるまでじっくり煮込めば安心。」

【材料】

●**アジ**
DHA、EPAを含むタンパク源。

●**ハトムギごはん**
体力UPの有益なエネルギー源。利尿作用がアリ

●**納豆**
スタミナ増強。大豆イソフラボンを含み、利尿作用がアリ

●**ひじき**
不足しがちなミネラル源

●**山芋**
胃腸の粘膜を保護。消化酵素を含む

●**ニンジン**
β-カロテンとビタミンCが免疫力を高めて感染症予防に

●**いんげん**
抗菌解毒作用があり、ビタミンも豊富

●**かぼちゃ**
β-カロテンを含み、免疫力を強化

●**黒ごま**
アントシアニンを含む、ビタミンE源

【作り方】

1 アジ、ひじき、ニンジン、いんげん、かぼちゃは食べやすい大きさに切る。山芋はすりおろす。

2 鍋にアジ、ひじき、水200㏄を入れて沸騰させる。ごはん、ニンジン、いんげん、かぼちゃを入れ、材料がやわらかくなるまで煮る。

3 **2**を人肌程度に冷まし器に盛りつけ、上に山いも、納豆、黒ゴマをトッピングする。

● 1群／穀類グループ　● 2群／肉、魚、卵、乳製品グループ
● 3群／野菜、海藻グループ　● α／油脂グループ　● α／風味付けグループ

口内炎・歯周病

歯周病が悪化すると様々な病気の原因に

口内炎は「食欲を落として消化器を休めたい何らかの理由」があり、歯周病は、日常の口内ケアで対策が出来ます。

症状

口内炎では、大量のよだれ、ひどい口臭等があります。歯周病は歯肉が赤く腫れる、腐敗臭のする口臭、歯茎からの出血、歯がグラグラするため、食事に時間がかかったり、食べたいのに食欲がない印象を受けます。

原因

歯周病の主な原因は、歯垢や歯と歯の間の食べかすです。ですから日常の口内ケアは必須です。口内炎は感染症などによる体力の低下が考えられます。

口内炎・歯周病に効果的な栄養素 Best5

1 ビタミンA・β-カロテン

細菌感染しないよう粘膜を強化

含まれる食材 ----- **レバー（牛、豚、鶏）、卵黄、ほうれん草、ニンジン、小松菜、カボチャ**

2 ビタミンB_1

細胞の再生を促す

含まれる食材 ----- **豚肉、大豆、鶏肉、胚芽精米、玄米**

3 ビタミンU

傷ついた胃腸粘膜を保護する

含まれる食材 ----- **キャベツ、アスパラガス、セロリ、青のり**

4 ビタミンB_2

細胞の再生を促す

含まれる食材 ----- **乳製品、レバー（牛、豚）、イワシ、鮭、緑黄色野菜、豆類、卵黄**

5 ナイアシン

血行を良くして、治癒を促進する

含まれる食材 ----- **マイタケ、鰹節、豚肉、玄米、鮭、シイタケ、サバ**

口腔内の粘膜強化にビタミンA

レバーと緑黄色野菜のおじゃ

調理POINT

「細菌感染を防いで粘膜を強化する脂溶性のビタミンAを効率よく摂取するには、植物性油で炒めた後に煮込むこと。傷ついた粘膜の治癒促進には、ナイアシンを含むきのこをプラス。」

【材料】

●**鶏レバー**
脂質が少なく、栄養価の高いたんぱく質。ビタミンAの最適な供給源

●**玄米ごはん**
食物繊維を含み、老廃物を体外へ排出。ビタミンB_1も含む

●**アスパラガス**
ビタミンUを含み、傷ついた胃腸の粘膜を保護する

●**かぼちゃ**
β-カロテンを含み、免疫力を強化

●**にんじん**
β-カロテンとビタミンCが免疫力を高めて感染症予防に

●**まいたけ**
ナイアシンを含み治癒の促進。

●**オリーブオイル**
エネルギー源。

【作り方】

1 鶏レバー、かぼちゃ、にんじん、まいたけ、アスパラガスは食べやすい大きさに切る。

2 鍋にオリーブオイルを熱し、鶏レバーを表面の色が変わるまで炒める。かぼちゃ、にんじん、まいたけを加えて炒めたあわせた後に玄米と材料がかぶるくらいの水を加え、やわらくなるまで煮る。

3 最後にアスパラガスを加え、ひと煮立ちしたら混ぜ合わせる。

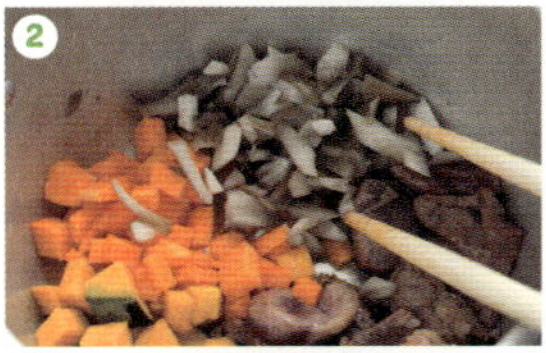

食べたくても食べれない
そんな時に

かぼちゃとコーンのスープ

調理POINT

「口の中、歯の痛みで食欲があるのに食べ辛そうな時は、高たんぱく質で消化しやすいスープ状にして与える。細胞の再生を促すビタミンB_1を含む豚肉を摂取し、消化を助けるビタミンUを含むキャベツを加えると万全。」

【材料】

- **豚ひき肉**
  ビタミンB群を豊富に含むタンパク源
- **豆乳**
  液体で摂取しやすい植物性タンパク質。ビタミンB_1を含み細胞再生を促す
- **麩**
  粉末にして使用すれば、消化吸収しやすいエネルギーの源となる
- **コーン**

傷ついた細胞を再生する

アスパラのチーズリゾット

【材料】

- **鶏ひき肉**
  淡白な味わいでやわらかく、慈養食として最適。ビタミンA、B群を含むヘルシー食材
- **卵**
  アミノ酸のバランスが優れたたんぱく源
- **パルメザンチーズ**
  嗜好性向上のための風味付け。カルシウムも豊富
- **ごはん**
  エネルギー源
- **アスパラガス**
  アスパラギン酸で滋養強壮。細胞を生成する葉酸も含む
- **アーモンドスライス**
  ビタミンB群を豊富に含む
- **しいたけ**
  ナイアシンを含み、治癒を促進する
- **小松菜**
  β-カロテン、ビタミンCを豊富に含む。細胞生成する亜鉛も含み万

お口の健康は胃腸から

鮭と大豆のおじや

調理POINT

「脂肪分が少なく消化しやすい食材を使用。胃腸の粘膜保護にキャベツとくずを加えるとよい」

【材料】

- **鮭**
  アスタキサンチン（カロテノイド）を含み、ビタミンB群豊富なタンパク源
- **ハトムギごはん**
  体力UPに有効。消炎、鎮痛効果あり
- **ゆで大豆**
  植物性たんぱく質を豊富に含む
- **キャベツ**
  ビタミンUを含み、胃腸の粘膜強化と消化吸収を助ける
- **ニンジン**
  β-カロテンとビタミンCが免疫力を高めて感染症予防に

甘みがあり犬が好む味。エネルギー源となりうる野菜

●かぼちゃ

β-カロテンを含み、免疫力を強化

●キャベツ

ビタミンUを含み、胃腸の粘膜強化と消化吸収を助ける

●さといも

でんぷんが主成分、ぬるぬる成分がたんぱく質の消化を助け、免疫力を強化

【作り方】

1 全ての材料はフードプロセッサーでペースト状にする。

2 鍋に材料と具材がかぶる程度の水を加える。

3 鍋の下が焦げ付かないように、混ぜながら沸騰するまで煮る。

能な青菜

●オリーブオイル

エネルギー源

【作り方】

1 アスパラガス、しいたけ、小松菜は食べやすい大きさに切る。

2 鍋で鶏ひき肉と卵を炒め、アスパラガス、しいたけ、小松菜、アーモンドスライスとご飯を加え混ぜあわせる。

3 水を材料がかぶるくらい加え、材料がやわらかくなるまで煮る。最後にオリーブオイルとパルメザンチーズを加え、混ぜ合わせる。

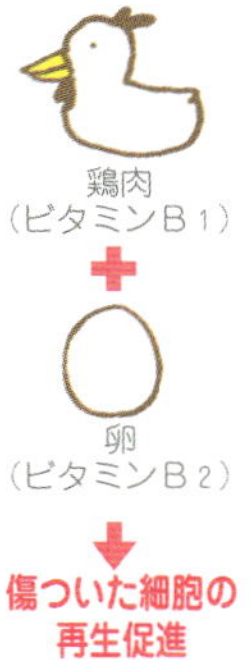

調理POINT

「細胞の再生を促すビタミンB群は水に溶ける性質を持つ。水に溶けた栄養素を摂取するため、ご飯にたっぷり水分を吸収させること。嗜好性向上のために風味付けにチーズを使用。」

●ブロッコリー

β-カロテンとビタミンCを豊富に含み、免疫機能をサポートする

●大根

消化酵素ジアスターゼを含む

●くず粉

胃腸の粘膜の保護

【作り方】

1 鮭、ゆで大豆、キャベツ、ニンジン、ブロッコリーは食べやすい大きさに切り、大根はすりおろす。

2 鍋に鮭、ゆで大豆、キャベツ、ニンジン、ブロッコリーとハトムギごはんを入れ、材料がかぶるくらいの水を加えて煮る。

3 材料がやわらかくなったら水で溶いたくず粉を加え、とろみをつける。皿に盛りつけた後、上に大根おろしを盛り付ける。

定期的なデトックスと感染に負けない身体作り

細菌・ウイルス・真菌感染症

病原体に感染しても発症しない丈夫な身体作りを心がけつつ、発症したら、体力アップとデトックスに集中してください。

症状

人間含めて犬も「無菌状態」で生活しているわけではなく、常に何かに感染しています。ただ、抵抗力が低下したときに様々な症状が出ます。元気がない、いつもと違うと思ったら、出来るだけ速やかに動物病院で検査してもらってください。

原因

空気感染・飛沫感染する病原体を吸う、傷口や粘膜から病原体が侵入する、病原体に汚染された食事を食べるなど。

細菌、ウイルス、真菌感染症で積極的に摂りたい栄養素 Best5

1 ビタミンA・β—カロテン
粘膜の強化

含まれる食材 ----- **レバー（牛、豚、鶏）、卵黄、ほうれん草、ニンジン、小松菜、カボチャ、かぶの葉**

2 ビタミンC
免疫力の強化

含まれる食材 ----- **大根、ブロッコリー、カリフラワー、かぼちゃ、小松菜、さつまいも、ピーマン、パセリ、インゲン、かぶ**

3 EPA・DHA、オメガ3脂肪酸
免疫力を良好に保ち、炎症を抑える

含まれる食材 ----- **イワシ、サンマ、カツオ、アジ、ブリ、サバ、煮干し、ごま、くるみ、亜麻仁油、えごま油**

4 ビタミンB_2
皮膚や粘膜の健康をサポート

含まれる食材 ----- **乳製品、レバー（牛、豚）、イワシ、鮭、緑黄色野菜、豆類、卵黄、干ししいたけ**

5 ビタミンE
活性酸素を抑える

含まれる食材 ----- **クルミ、植物油、大豆、カツオ、春菊、かぼちゃ**

ウイルスの入り口（粘膜）を強化！

サバチャーハン

調理POINT
「ビタミンAの吸収率をあげるため、油で炒めて調理する。ビタミン豊富な野菜とEPA・DHAを含む魚を組み合わせた調理がおすすめ」

【材料】

●サバ
EPA・DHAが豊富。皮膚や粘膜の健康を維持するビタミンB_2を含む

●卵の黄身
栄養価が高く、優れたタンパク源

●雑穀米
ビタミン、ミネラル豊富なエネルギー源

●春菊
ビタミンEを含む緑黄色野菜

●ニンジン
β-カロテンとビタミンCが免疫力を高めて感染症予防に

●いんげん
たんぱく質、炭水化物を含む野菜。ビタミンCも含み免疫機能サポート

●しめじ
ビタミンD、うまみの成分グルタミン酸を含む

●ごま油
エネルギー源

【作り方】

1 サバ、春菊、ニンジン、いんげん、しめじは食べやすい大きさに切る。

2 鍋にごま油を熱し、卵の黄身をそぼろ状にする。サバとごはんを加え火が通るまで炒め合わせる。

3 最後に野菜を加えて、全体に火が通るまでよく炒める。

● 1群／穀類グループ　● 2群／肉、魚、卵、乳製品グループ
● 3群／野菜、海藻グループ　● α／油脂グループ　● α／風味付けグループ

免疫力を良好に保ち、感染症を防ぐ

カツオと納豆のそば

調理POINT

「免疫力を発揮するために体力増強が必要。カツオ、納豆など良質なたんぱく質を豊富に使用し、免疫力強化のビタミンCを摂取するために緑黄色野菜を加える。」

【材料】

- **カツオ** ビタミンB群、タンパク質が豊富。健康な体作りにおすすめの食材
- **そば** 毛細血管を丈夫にするルチンを含む
- **納豆** 高たんぱく低カロリー
- **小松菜** ビタミンCを豊富に含む。細胞生成する亜鉛も含み万能な青菜
- **さやえんどう**

ビタミン、ミネラルで感染症の症状緩和する

シジミだしの鶏ぞうすい

【材料】

- **鶏ムネ肉** 肌や粘膜を健康に保つビタミンA、B_2を含むタンパク源
- **シジミ** 良質なタンパク質、旨み成分コハク酸を含む
- **玄米ごはん** ビタミン、ミネラルが豊富なエネルギー源
- **ひじき** 不足しがちなミネラルの補給
- **しいたけ** 免疫力を高めるグルカンを含む
- **かぶ・かぶの葉** 消化酵素ジアスターゼを含む。葉の部分は抗酸化ビタミンが豊富
- **ごま油** ビタミンE源
- **昆布粉末・煮干粉末** ミネラル成分を含む。粉末にして保存しておくと便利

ビタミンB_1、B_2で免疫細胞を活発に血行促進

豚肉のしょうが焼き丼

調理POINT

「ビタミンCは熱に弱い栄養素。緑黄色野菜を加えたら炒めすぎない事。ビタミンB群を豊富に含む豚肉を使用して、寄生虫対策のためよく加熱調理を行う。」

【材料】

- **豚モモ肉** ビタミンB群を豊富に含むタンパク源
- **ごはん** エネルギー源
- **しょうが** 新陳代謝を上げ、解毒作用がある。香りを抑えるためによく加熱すると良い
- **ピーマン** ビタミンC、Pをあわせ持ち、加熱によるビタミンCの損失が少ない
- **ニンジン**

β-カロテン、ビタミンCを含む

●かぼちゃ
β-カロテンを含み、免疫力を強化

【作り方】

1 カツオ、小松菜、さやえんどう、かぼちゃは食べやすい大きさに切る。

2 カツオ、かぼちゃを鍋に入れ材料がかぶるくらいの水を加える。沸騰したらそばを適当な大きさに折りながら鍋に投入。

3 そばがやわらかくなったら、さやえんどうと小松菜を入れ火を通す。人肌に冷まし、皿に移し、納豆を上に盛りつける。

かぼちゃ（β―カロテン、ビタミンC）

＋

カツオ（EPA・DHA）

↓

炎症抑制、治癒促進

【作り方】

1 鶏肉、しいたけ、かぶの葉は食べやすい大きさに切る。ひじきは細かく刻み、かぶはすりおろす。

2 鍋にシジミとこんぶと煮干粉末、材料がかぶるくらいの水を入れ、だしをとる。

3 **2**に玄米ごはん、鶏肉、ひじき、しいたけを入れ具材に火が通るまで煮込み、最後にかぶの葉を加え混ぜ合わせる。人肌程度に冷ましたら皿に盛り、かぶのすりおろしとごま油小さじ1をトッピングする。

鶏肉（ビタミンA・ビタミンB群）

＋

かぶ（ビタミンC）

↓

免疫力強化、傷ついた細胞の再生

調理POINT
「ミネラル豊富な海草を使用する。海草は消化しにくいため粉末にするか、細かく刻んでやわらかくなるまでぐつぐつ煮る」

β-カロテンとビタミンCが免疫力を高めて感染症予防に

●ほうれん草
ビタミン、ミネラルが豊富な元気の源

●しいたけ
免疫力を高めるグルカンを含む

●すりごま
オメガ3脂肪酸を含む

●ごま油
エネルギー源

【作り方】

1 豚肉、ピーマン、ニンジン、ほうれん草、しいたけは食べやすい大きさに切る。しょうがはすりおろす。

2 鍋にごま油を熱し、**1**を炒め、具材に火が通ったらごはんを加え、炒め合わせる。

3 **2**を皿に盛りつけ、すりごまをかける。

ほうれんそう（ビタミン・ミネラル<ビタミンA、C、B群、葉酸>）

＋

ごま油（オメガ3脂肪酸）

↓

感染症発症予防

● 1群／穀類グループ　● 2群／肉、魚、卵、乳製品グループ
● 3群／野菜、海藻グループ　● α／油脂グループ　● α／風味付けグループ

排泄不良

貯めてから出すのではなく、貯まる前に出す

よどんだ水が腐るように、体内に老廃物がたまると病気になります。食べたら出す！これが健康の秘訣です。

症状

黄色い尿をだす、体臭・口臭・尿臭がきつい、目やに・涙焼け、タール状の耳あか、鼻水、指の間をよくなめる。

原因

体内で出来た老廃物の主な排泄経路は尿です。健康な子は十分な水分を摂取し、薄い尿を出して老廃物を排泄していますが、水分摂取が十分でない子が身体に貯めやすい様です。血行不良がある子も、老廃物の回収がうまくいかないようです。

排泄不良で積極的に摂りたい栄養素 Best5

1 サポニン
排泄を促す

含まれる食材 ----- **大豆、高野豆腐、納豆、みそ、おから**

2 タウリン
肝機能強化

含まれる食材 ----- **牡蛎、ホタテ、アサリ、マグロ、サバ、アジ、イワシの血合い**

3 アントシアニン
活性酸素の生成を抑制

含まれる食材 ----- **なす、小豆、黒豆、赤キャベツ、紫さつまいも**

4 ビタミンC
感染症へ抵抗力アップ

含まれる食材 ----- **大根、ブロッコリー、カリフラワー、かぼちゃ、小松菜、さつまいも、ピーマン、パセリ、とうがん、白菜**

5 ビタミンE
感染症へ抵抗力アップ

含まれる食材 ----- **クルミ、植物油、大豆、豆腐、カツオ、春菊、すりごま**

利尿作用で排尿促進

鶏ととうがんのスープ

調理POINT

「サポニンやカリウムなどを含む、利尿効果のある食材を使用。スープごはんにすることで摂取水分を増やす。」

【材料】

●**鶏ささみ**
高タンパク低脂肪のたんぱく源

●**ホタテ**
タウリンを豊富に含み、肝機能を強化

●**黒米ごはん**
アントシアニンを含む黒米を加える

●**豆腐**
サポニンを含み、消化しやすい植物性たんぱく質

●**きゅうり**
水分とカリウムを豊富に含み、利尿作用あり

●**ごぼう**
食物繊維が豊富で体をあたため、解毒や利尿作用がある

●**とうがん**
ビタミンCが豊富で、水分を多く含み利尿作用がある

●**ニンジン**
β-カロテンとビタミンCが免疫力を強化し、感染症を予防

●**こんぶ粉末**
ミネラル源。粉末にしておくと使いやすい

【作り方】

1 鶏ささみ、ホタテ、ごぼう、とうがん、ニンジン、豆腐は食べやすい大きさに切る。

2 鍋に**1**とこんぶ粉末、ごはんを入れ、材料がかぶる程度の水を加えて火が通るまで煮る。

3 人肌に冷めたら皿に盛り、上にすりおろしたきゅうりをのせる。

1
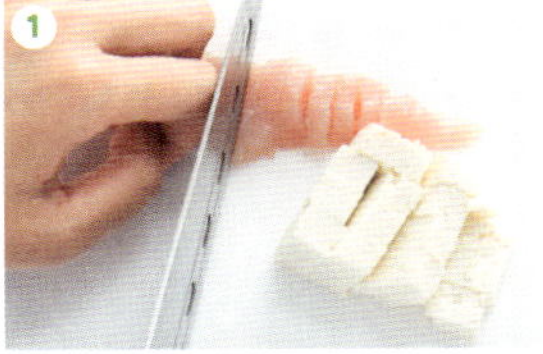

2

3

● 1群／穀類グループ　● 2群／肉、魚、卵、乳製品グループ
● 3群／野菜、海藻グループ　● α／油脂グループ　● α／風味付けグループ

水分たっぷり老廃物排出

マグロのマーボー豆腐丼

調理POINT

「水分多めで尿量増加。食べやすいようにくず粉または片栗粉でとろみをつける。排泄を促すサポニンは大豆製品に含まれるので、豆腐、おから、大豆などで代用可」

【材料】

- **マグロ**
  タウリンを含むタンパク源
- **ごはん**
  エネルギー源
- **高野豆腐**
  サポニン、植物性タンパク質を豊富に含む
- **大根**
  消化酵素ジアスターゼを含む
- **ニンジン**
  β-カロテンとビタミンCが免疫力を高めて感染症予防に
- **なす**

体脂肪を減らし、体内に老廃物を貯めこまない

イワシ団子の煮込みうどん

【材料】

- **イワシ**
  タウリンを含む血合いの部分も一緒に使用
- **うどん**
  糖質の少ないエネルギー源
- **おから**
  植物性タンパク質を含み、高たんぱく低カロリー食品
- **ひじき**
  不足しがちなミネラル分の補給
- **小豆（ゆで小豆）**
  抗酸化作用のあるアントシアニンを含む
- **白菜**
  ビタミンCを含み、利尿作用あり
- **ニンジン**
  β-カロテンとビタミンCが免疫力を高めて感染症予防に
- **みそ**
  サポニンや酵素などを含む発酵食品
- **すりごま**

体内の代謝を上げて排泄力UP

冷や汁

調理POINT

「ナイアシンを含むアジ、玄米で代謝を上げる。鉄分が不足するとナイアシン不足を起こす可能性があるので鉄分を含む青菜（ほうれん草や小松菜）を加えて調理。」

【材料】

- **アジ**
  タウリンを含むタンパク源。血合いの部分も使用する
- **黒米入り玄米ごはん**
  ビタミン、ミネラルを豊富に含むエネルギー源。アントシアニンを含む黒米を加える
- **豆腐**
  サポニンを含み、消化しやすい植物性たんぱく質
- **きゅうり**
  水分とカリウムを豊富に含み、利尿作用あり
- **青じそ**

アントシアニンを含む。皮も使用すること

●**ごま油**
エネルギー源

●**くず粉**
胃腸の粘膜保護

【作り方】

1 マグロ、大根、ニンジン、なすは食べやすい大きさに切る。高野豆腐は水でやわらかくなるまで戻し、食べやすい大きさに切る。

2 鍋にごま油を熱し、**1**を炒め、具材がかぶる程度の水を加えて煮込む。

3 火が通ったら、水で溶いたくず粉でとろみをつけ、皿にもったご飯の上からかける。

マグロ（カリウム）

＋

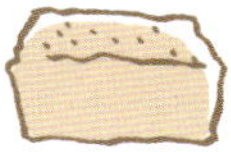

高野豆腐（大豆サポニン）

↓

老廃物の排出

ビタミンE源

【作り方】

1 イワシはフードプロセッサーですり身にし、おからと混ぜ合わせる。ひじき、白菜、ニンジン、うどんは食べやすい大きさに切る。

2 鍋に**1**のイワシ以外の材料とゆで小豆を入れ、具材がかぶるくらいの水、すりごまを加え沸騰させる。（みそは小さじ1程度加える）

3 沸騰したら、一口大の大きさにまるめたいわしのすり身を入れて全体に火が通るまで煮る。

ひじき（食物繊維）

＋

おから（植物性たんぱく質）

↓

便秘解消

調理POINT

「高たんぱく、低脂肪食品を組み合わせる。青魚と植物油で体内に蓄積されにくい脂肪を摂取。味噌を少量加えることで嗜好性を上げ、発酵食品特有の生きた栄養素を摂取する。」

ビタミン、ミネラルを豊富に含む。殺菌効果と食欲増進効果あり

●**小松菜**
β-カロテン、ビタミンCを豊富に含む。抵抗力の強化

●**すりごま**
ビタミンE源

●**煮干し**
貝類に匹敵するタウリンを含む

【作り方】

1 アジ、きゅうり、しそ、小松菜は食べやすい大きさに切る。煮干はフードプロセッサーで粉末にする。

2 アジ、煮干と手でつぶした豆腐、材料がかぶる程度の水を加え火が通るまで煮る。小松菜、きゅうりを加え全体を混ぜる。

3 皿にやわらかく炊いた黒米入り玄米ご飯を盛り、上から**2**をかける。青じそとすりごまをトッピング。

あじ（ナイアシン）

＋

小松菜（鉄）

↓

新陳代謝の促進

● 1群／穀類グループ　● 2群／肉、魚、卵、乳製品グループ
● 3群／野菜、海藻グループ　● α／油脂グループ　● α／風味付けグループ

アトピー性皮膚炎

原因不明のかゆみが体表に現れます

慢性化することが多い病気ですが、体内の病原体を排除することで状態が改善することもあるようです。

症状

ひどいかゆみ（耳や目の回り、足先、四肢の付け根の内側など）元気がない、独特の体臭がする（室内にその臭いが広がる）

原因

アレルギーを起こす物質（アレルゲン）を取り込むことが原因だという説と、病原体に感染・発症したことによるという説などがあります。生まれつきの場合、遺伝によるという説と、母犬の産道での病原体感染によるという説があります。

アトピー性皮膚炎で積極的に摂りたい栄養素 Best5

1 グルタチオン
毒を細胞外に排泄、皮膚の炎症を和らげる

含まれる食材 ----- **カボチャ、ブロッコリー、アスパラガス、ジャガイモ、トマト、牛すね肉、レバー（牛、豚、鶏）、豚ヒレ肉**

2 EPA・DHA
免疫力を良好に保ち、炎症を抑える

含まれる食材 ----- **イワシ、サンマ、アジ、ブリ、サバ、煮干し、ちりめんじゃこ、アサリ**

3 タウリン
肝機能強化

含まれる食材 ----- **マグロ、サバ、イワシ、アジ、赤身魚の血合い、ホタテ、カキ、アサリ、煮干し**

4 ビタミンB_6
肝臓への脂肪の蓄積を抑制

含まれる食材 ----- **豚モモ肉、いわし、鮭、サバ、マグロ、バナナ、牛レバー、ゴマ、納豆、卵**

5 ビオチン
皮膚の健康維持

含まれる食材 ----- **玄米、小麦胚芽、卵黄、大豆、ナッツ、ごま、きな粉**

皮膚の炎症を抑え、症状改善

イワシのトマトビーンズ

調理POINT

「カビ退治ににんにくを使用。ただし大量摂取で貧血になる恐れがあるため常食はしないでください。」

【材料】

●**イワシ**
DHA、EPAを豊富に含む。ビタミンB群も豊富なタンパク源

●**カッテージチーズ**
嗜好性向上のための風味付け

●**ごはん**
エネルギー源

●**ブロッコリー**
グルタチオンを含む。ビタミンCが豊富で免疫力強化

●**トマト**
グルタチオンを含む。抗酸化物質リコピンが含まれている

●**ゆで大豆**
皮膚の健康を保つビオチン含有

●**にんにく**
かび対策に1日1片摂取

●**オリーブオイル**
エネルギー源

【作り方】

1 イワシ、ブロッコリー、トマト、ゆで大豆は食べやすい大きさに切る。にんにく½片はすりおろす。

2 鍋にオリーブオイルを熱し、にんにくとイワシを炒める。火が通ったらトマト、ゆで大豆、ごはんと水100ccを加えて煮る。

3 最後にブロッコリーを加え、火を通し皿に盛りつけたら、カッテージチーズをトッピングする。

1

2

3

● 1群／穀類グループ　● 2群／肉、魚、卵、乳製品グループ
● 3群／野菜、海藻グループ　● α／油脂グループ　● α／風味付けグループ

症状緩和の前に老廃物を排出

サンマと根菜のスープ

調理POINT
「食物繊維を豊富に含む根菜を使用。消化しにくいので細かく切って、やわらかくなるまで煮込む」

【材料】

- **サンマ**
  DHA、EPAを含むたんぱく源
- **ホタテ**
  タウリンを豊富に含む
- **じゃがいも**
  皮膚の炎症を抑えるグルタチオンを含むエネルギー源
- **アスパラガス**
  アスパラギン酸で滋養強壮。細胞生成する葉酸、皮膚の炎症抑えるグルタチオンを含む
- **かぼちゃ**
  β-カロテンを含み、免疫力を強化
- **れんこん**

腸内ケアで皮膚を健康に

卵チャーハン豆乳くずあんかけ

【材料】

- **卵**
  アミノ酸バランスに優れたたんぱく源。卵黄にはビオチンが豊富に含まれる
- **豚ヒレ肉**
  ビタミンB群を豊富に含むたんぱく源
- **ごはん**
  エネルギー源
- **豆乳**
  植物性たんぱく質を含む。ビタミンB群、Eを含む
- **レタス**
  ビタミンUで胃粘膜に優しく、ビタミンCも含む
- **かぶ・かぶの葉**
  消化酵素ジアスターゼを含む。葉には抗酸化ビタミンが豊富
- **パプリカ**
  ビタミンB_6を含む。β-カロテンビタミンCを含み免疫力強化

病原体排除&細胞の保護にはグルタチオン

アサリのスープごはん

調理POINT
「大根は生で加えて消化酵素で消化を助ける」

【材料】

- **豚モモ肉**
  ビタミンB群を豊富に含むたんぱく源
- **雑穀ごはん**
  エネルギー源
- **ほうれん草**
  ビタミン、ミネラルが豊富な元気の源
- **かぼちゃ**
  β-カロテンを含み、免疫力を強化
- **ニンジン**
  β-カロテン、ビタミンCを含む。皮膚の健康維持、免疫力向上に効果的
- **大根**

食物繊維が豊富。野菜に含まれることの少ないビタミンB群を含んでいる

●**ごぼう**
豊富な食物繊維で解毒、腸内の老廃物を排泄

●**すりごま**
ビタミンB6、ビタミンEを含む

【作り方】

1 サンマ、ホタテ、じゃがいも、アスパラ、かぼちゃ、れんこん、ごぼうは食べやすい大きさに切る。

2 鍋に**1**を入れ、材料がかぶるくらいの水を加えて煮る。

3 器に盛ってすりごまをかける。

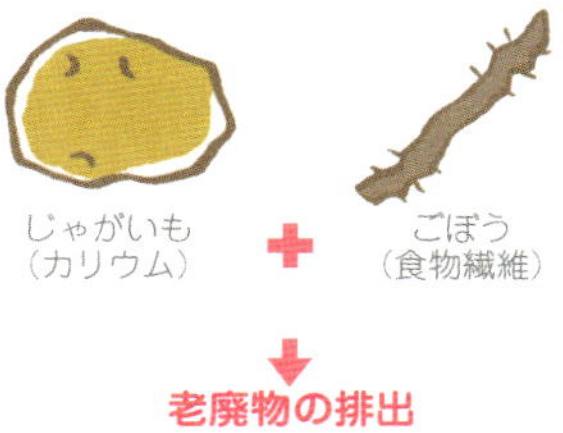

●**ごま油**
エネルギー源

●**煮干粉末**
DHA・EPAやタウリンの供給源として

●**くず粉**
胃腸の粘膜を保護

【作り方】

1 レタス、かぶ、かぶの葉、パプリカは食べやすい大きさに切る。

2 鍋にごま油を熱し、卵、とご飯を入れ炒め合わせたら皿に盛る。

3 同じ鍋で**1**と豚肉、煮干粉末、水100cc、豆乳を加え沸騰したら水溶きくず粉でとろみをつけ、皿に盛ったごはんの上からかける。

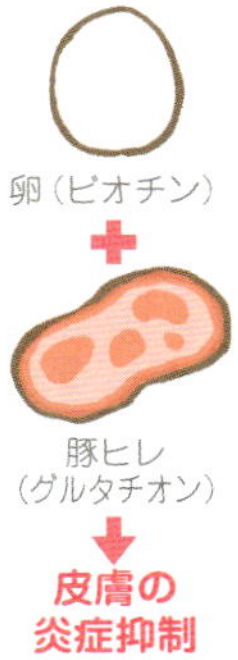

調理POINT

「胃腸への負担を減らし、腸粘膜を保護するために冷たいものよりも温かいものを食べさせて。熱すぎないように人肌で。」

消化酵素ジアスターゼを含む

●**きなこ**
ビオチンを含む大豆を原料としており、トッピングとして使いやすい食材

●**刻みのり**
不足しがちなミネラル分の補給

●**アサリ**
嗜好性向上のためだしをとる。タウリンと旨み成分コハク酸を含む

【作り方】

1 豚肉、ほうれん草、ニンジン、かぼちゃは食べやすい大きさに切る。

2 鍋にアサリと具材がかぶるくらいの水を入れ、だしをとる。だしをとった後のあさりは細かく刻んでおく。だしの中に**1**とごはんを加え、火を通す。

3 皿に盛り、上に大根おろし、きなこ、刻みのりをトッピングする。

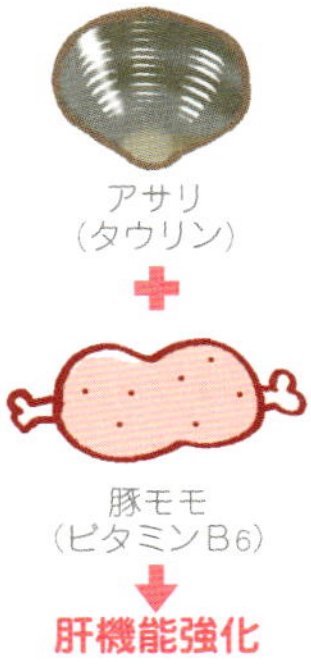

● 1群／穀類グループ　● 2群／肉、魚、卵、乳製品グループ
● 3群／野菜、海藻グループ　● α／油脂グループ　● α／風味付けグループ

原因探って、体質改善・デトックス！

ガン・腫瘍

免疫力が低下すると一般的にいわれておりますが、病原体の感染や、血行不良を改善し、状況が変わることもあります。

症状

乳房にシコリ（乳腺腫瘍）、皮膚にシコリ、足を引ずる（骨肉腫）、リンパ節が腫れる（悪性リンパ腫）、血液中に異常な白血球が増える（白血病）

原因

特定の原因はないのですが、体内の化学物質汚染、重金属汚染、病原体の感染、静電気・電磁波の影響、精神的ストレスが複雑に絡み合ってできるという説があります。

ガン・腫瘍で積極的に摂りたい栄養素 Best5

1 葉酸
細胞の正常な生成を促す

含まれる食材 ----- **ほうれん草、ブロッコリー、じゃがいも、大豆、納豆、パプリカ、レバー(牛、豚、鶏)**

2 ミネラル
細胞を正常に働かす

含まれる食材 ----- **ちりめんじゃこ、さくらえび、大豆、海藻類、玄米、ハトムギ**

3 EPA、DHA
血行促進

含まれる食材 ----- **イワシ、サンマ、カツオ、鮭、アジ、ブリ、サバ、煮干し**

4 ビタミンB_6
肝臓への脂肪の蓄積を抑制

含まれる食材 ----- **豚モモ肉、いわし、鮭、さば、なす、マグロ、バナナ、牛レバー、ゴマ、納豆**

5 ビタミンB_{12}
葉酸の働きをサポート

含まれる食材 ----- **しじみ、あさり、カツオ、鮭、サンマ、イワシ、サバ、煮干し**

体力あってこそ治療が出来る

カツオと緑黄色野菜のカレー

調理POINT

「エネルギー源である糖質と、体の細胞を作るたんぱく質を摂取して体力をアップ。」

【材料】

●**カツオ**
EPA、DHAを豊富に含むたんぱく源

●**鶏レバー**
細胞の正常は働きを促す葉酸を含み、犬が好きな風味

●**玄米ごはん**
エネルギー源。ビタミンEで抗酸化作用

●**カリフラワー**
ビタミンCが豊富な野菜

●**ニンジン**
β-カロテンとビタミンCが免疫力を高めて感染症予防に

●**ブロッコリー**
ビタミンCの含有量はトップクラス

●**なす**
抗酸化物質ナスニンを含む。皮を一緒に使用する

●**かぼちゃ**
β-カロテンを含み、免疫力を強化

●**うこん（ターメリック）**
肝機能を強化

●**片栗粉**
食べやすいようにとろみをつける

【作り方】

1 カツオ、レバー、カリフラワー、ニンジン、ブロッコリー、なす、かぼちゃは食べやすい大きさに切る。

2 鍋に**1**とターメリック適量、具材がかぶるくらいの水を加えて煮込む。火が通ったら、水溶き片栗粉でとろみをつける。

3 皿にご飯を盛りつけ、上から出来上がったカレーをかける。

1

2

3

● 1群／穀類グループ　● 2群／肉、魚、卵、乳製品グループ
● 3群／野菜、海藻グループ　● α／油脂グループ　● α／風味付けグループ

血行促進で治癒スイッチON

納豆なめこ汁

調理POINT

「DHA・EPAを含む青魚＋水分の多い食事で血行を促進して、老廃物を体外へ排出。青魚は旬のものを選んで」

【材料】

- **サバ**
  DHA、EPAが豊富なたんぱく源
- **ハトムギごはん**
  体力UPに有益。ビタミン、ミネラルを豊富に含むエネルギー源
- **納豆**
  スタミナ増強、納豆菌は酵素がいっぱい
- **なめこ**
  抗がん作用、β-グルカンを含む
- **山芋**
  新陳代謝を促し、消化吸収を助ける
- **いんげん**
  たんぱく質、炭水化物を含む野菜。

抗酸化物質で免疫力強化

鮭とほうれん草のトマトリゾット

【材料】

- **鮭**
  抗酸化物質アスタキサンチンを含む
- **玄米ごはん**
  エネルギー源。ビタミンEで抗酸化作用
- **トマト**
  抗酸化物質リコピンとビタミンB_6を含む
- **キャベツ**
  抗酸化物質フラボノイド、ペルオキシターゼを含む。胃腸障害に有効なビタミンUもあわせもつ
- **パプリカ**
  葉酸、β-カロテンを含む。ピーマンの苦味が苦手な子におすすめ
- **まいたけ**
  免疫力を強化するβ-グルカンを含んでいる
- **ほうれん草**
  葉酸を含む。ビタミン、ミネラル

ためこんだ老廃物の排出

豚肉と根菜のやわらか煮

調理POINT

「食物繊維を豊富に含む野菜を使用すれば、腸内をキレイにお掃除してくれる。やわらかくなるまで煮込んで旨みを凝縮。」

【材料】

- **豚もも肉**
  ビタミンB群が豊富なたんぱく源
- **じゃがいも**
  加熱しても壊れにくいビタミンCを含み、カリウムが余分なナトリウムを排出
- **さつまいも**
  加熱しても壊れにくいビタミンCを含み、食物繊維で便秘解消
- **アスパラガス**
  ビタミンを豊富に含む。アスパラギン酸は滋養強壮効果あり
- **ゆで大豆**
  葉酸、ビタミンB_6をあわせ持つ

ビタミンCも含み免疫機能サポート

●わかめ
不足しがちなミネラルの補給

●味噌
サポニンや酵素などを含む発酵食品

●ちりめんじゃこ
嗜好性向上のために風味付け

【作り方】

1 サバ、いんげん、わかめは食べやすい大きさに切る。山芋はすりおろす。

2 鍋にサバ、ちりめんじゃこ、なめこ、わかめを入れ、具材がかぶるくらいの水を加えて火を通す。

3 火が通ったらハトムギごはんといんげん、わかめ、小さじ1の味噌を入れ沸騰させる。最後に山芋と納豆を加え、混ぜ合わせたら出来上がり。

サバ（DHA・EPA）
＋

納豆（ナットウキナーゼ）
↓
血行促進

豊富で元気の源

●オリーブオイル
エネルギー源

【作り方】

1 鮭、トマト、キャベツ、パプリカ、まいたけ、ほうれん草は食べやすい大きさに切る。

2 鍋にオリーブオイルを熱し、**1**とごはんを炒める。

3 材料がかぶるくらいの水を加え、材料がやわらかくなるまで煮込んで完成。

トマト（リコピン）
＋
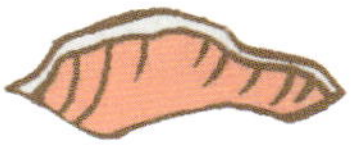
鮭（アスタキサンチン）
↓
発ガン抑制

調理POINT
「抗酸化物質は緑黄色野菜にも豊富に含まれる。β-グルカンを含むきのこ類を合わせて摂るとさらに効果的。」

●ニンジン
β-カロテンとビタミンCが免疫力を高めて感染症予防に

●ごぼう
食物繊維を豊富に含み、余分な老廃物を排出する

●粉末こんぶ
不足しがちなミネラル分の補給

●煮干し
EPA・DHAを含み風味向上で嗜好性アップ

【作り方】

1 豚肉、じゃがいも、さつまいも、アスパラガス、大豆、ニンジン、ごぼうは食べやすい大きさに切る。

2 鍋に**1**と粉末こんぶ、煮干し、材料がかぶる程度の水を加え、野菜がやわらかくなるまで煮る。途中水分が足りなくなったら水を足す。

3 器にもって出来上がり。

じゃがいも（ビタミンC）
＋
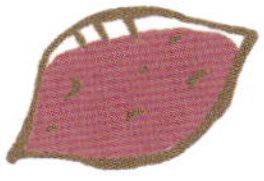
さつまいも（ビタミンE）
↓
抗酸化作用

● 1群／穀類グループ　● 2群／肉、魚、卵、乳製品グループ
● 3群／野菜、海藻グループ　● α／油脂グループ　● α／風味付けグループ

pHよりも病原体感染などの炎症を気にしよう！

膀胱炎・尿結石症

尿pHは食べたもので変わります。結石の根本原因は尿路の炎症であり、尿pHや食事中のミネラルは本質ではありません。

症状

血尿、濁った濃い色の尿、悪臭尿、トイレに頻繁に行く、少量頻回排尿、陰部を繰り返しなめる、発熱、食欲低下、元気が無くなる、水をたくさん飲むなどの症状があります。

原因

多くは、尿道から病原体が侵入し、膀胱で炎症を起こします。しかし、希に腎臓の病原体感染や、血液などの体液からの感染などもあります。後者では歯周病が原因になっていることも。

膀胱炎・尿結石症で積極的に摂りたい栄養素 Best5

1 ビタミンA・β-カロテン
粘膜強化
含まれる食材 ----- **レバー（牛、豚、鶏）、卵黄、ほうれん草、小松菜、ニンジン、かぼちゃ、青じそ**

2 EPA・DHA
免疫力を良好に保ち、炎症抑制
含まれる食材 ----- **イワシ、サンマ、タラ、アジ、ブリ、サバ、ちりめんじゃこ**

3 ビタミンC
免疫力強化
含まれる食材 ----- **大根、ブロッコリー、カリフラワー、かぼちゃ、小松菜、さつまいも、ピーマン、パセリ、白菜、トマト**

4 ビタミンE
活性酸素抑制
含まれる食材 ----- **クルミ、植物油、大豆、カツオ、春菊、かぼちゃ**

5 ビタミンB_2
皮膚や粘膜の健康をサポート
含まれる食材 ----- **乳製品、レバー（牛、豚、）、イワシ、鮭、サンマ、タラ、枝豆、緑黄色野菜、豆類、卵黄**

特効薬は美味しいスープ

かきたまスープごはん

調理POINT
「ちりめんじゃこと鰹節を使用してだしをとれば、無理なくたっぷりの水分摂取が可能です。」

【材料】

● **卵**
ビタミンAを含み、アミノ酸バランスに優れたたんぱく源

● **ハトムギごはん**
利尿作用があるエネルギー源

● **豆腐**
大豆の栄養分を含み、水分を多く含む植物性たんぱく質

● **ごぼう**
食物繊維を豊富に含み、余分な老廃物を排出する

● **しょうが**
体をあたため、食欲増進。解毒作用あり

● **白菜**
ビタミンCを含み、利尿作用あり

● **枝豆**
豆と野菜の栄養をあわせもつ。利尿作用を促すカリウムも豊富

● **くるみ**
ビタミンE源

● **ちりめんじゃこ**
だしをとり嗜好性向上。カルシウム源

● **鰹節**
だしをとり嗜好性向上

【作り方】

1 ごぼう、しょうが、白菜、枝豆、豆腐、くるみは食べやすい大きさに切る。

2 鍋に300ccの水、ちりめんじゃこと鰹節を入れ沸騰させる。

3 沸騰したら**1**とごはんを入れ、野菜がやわらかくなるまで煮たら、溶き卵を加えてもうひと煮する。

1

2

3

● 1群／穀類グループ　● 2群／肉、魚、卵、乳製品グループ
● 3群／野菜、海藻グループ　● α／油脂グループ　● α／風味付けグループ

体内にたまった毒素を排出

サンマのしそ風味ぞうすい

調理POINT

「尿から毒素を排出するために、水分たっぷりに仕上げる。とくに飲水量が少ない子にはおじや・ぞうすいなどがオススメ。」

【材料】

- **サンマ**
  EPA、DHAを含むたんぱく源
- **玄米ごはん**
  エネルギー源
- **れんこん**
  ビタミンCを含み、免疫力強化。消炎作用のタンニン含有
- **青じそ**
  β-カロテンを豊富に含む。食欲増進効果あり
- **かぼちゃ**
  β-カロテンを含み、免疫力を強化
- **アスパラガス**

緑黄色野菜で細菌をやっつける

とろろこんぶおじや

【材料】

- **タラ**
  ビタミンB_2、Eを含むたんぱく源
- **ごはん**
  エネルギー源
- **小松菜**
  β-カロテン、ビタミンCを豊富に含む。抵抗力の強化
- **レタス**
  ビタミンUで胃粘膜に優しく、ビタミンCも含む
- **カリフラワー**
  ビタミンCを豊富に含む
- **ニンジン**
  β-カロテンとビタミンCが免疫力を高めて感染症予防に
- **トマト**
  余分な塩分を排出するカリウムを含む
- **ごま油**
  エネルギー源
- **とろろこんぶ**

ビタミンAで膀胱の粘膜強化

ラタトゥユパスタ

調理POINT

「ビタミンAを効率よく摂取するため、オリーブオイルで炒めることを忘れずに。脂溶性ビタミン摂取には、炒め煮が基本。」

【材料】

- **鶏レバー**
  ビタミンAを豊富に含む、たんぱく源
- **鶏ひき肉**
  肌や粘膜を健康に保つビタミンAを含む。必須アミノ酸のバランスも良い
- **マカロニ**
  エネルギー源
- **ニンジン**
  β-カロテンとビタミンCが免疫力を高めて感染症予防に
- **かぼちゃ**
  β-カロテンを含み、免疫力を強

ビタミンを豊富に含む。アスパラギン酸は滋養強壮効果あり

●**しいたけ**
ビタミンB_2が粘膜強化を助ける

●**粉末こんぶ**
不足しがちなミネラル分の補給

【作り方】

1 サンマ、れんこん、かぼちゃ、アスパラ、しいたけは食べやすい大きさに切る。

2 鍋に**1**とごはん、粉末こんぶを入れ、材料がかぶるくらいの水を加えて煮る。

3 れんこんがやわらかくなったら火を止め、せん切りにした青じそを加え、混ぜ合わせる。

ミネラルを含み、旨みをプラス

【作り方】

1 タラ、小松菜、レタス、カリフラワー、ニンジン、トマトは食べやすい大きさに切る。

2 鍋にごま油を熱し、タラと小松菜、カリフラワー、ニンジンを炒め合わせた後、材料がかぶるくらいの水を加えて沸騰させる。

3 ごはんととろろこんぶを入れ、全体に火が通ったらレタスとトマトを加える。

調理POINT

「脂溶性・水溶性ビタミンを効率的に摂るには、β-カロテン、ビタミンCを含む緑黄色野菜を油で炒めてから、だしで煮込むのがコツ。」

化

●**トマト**
余分な塩分を排出するカリウムを含む

●**セロリ**
カリウムが豊富で利尿効果あり

●**なす**
カリウムが豊富で利尿効果あり

●**パセリ**
β-カロテンを含む

●**オリーブオイル**
エネルギー源

●**ちりめんじゃこ**
カルシウム、EPA・DHAを豊富に含む

【作り方】

1 鶏レバー、ニンジン、かぼちゃ、トマト、セロリ、なすは食べやすい大きさに切る。マカロニは茹でておく。

2 鍋にオリーブオイルを熱し鶏レバー、ひき肉を入れ炒めて火が通ったらマカロニ、野菜と水100ccを加えて煮つめる。

3 最後にパセリのみじん切りをちらして出来上がり。

● 1群／穀類グループ　● 2群／肉、魚、卵、乳製品グループ
● 3群／野菜、海藻グループ　● α／油脂グループ　● α／風味付けグループ

原因不明の場合、病原体感染が原因かも⁉

消化器系疾患・腸炎

食事を変えるだけで改善する消化器系疾患もあれば、病原体の複合感染により慢性化することもあります。精査が必要です。

症状

繰り返す嘔吐、下痢、脱水症状、食欲低下、体重減少、貧血、ゲップをする、吐血、血便、お腹が鳴る、口臭がキツイ、よく水を飲む、元気がなくなる、ゼリー状の粘膜便

原因

腐った食べ物や毒物などを食べた、特定食材への過剰反応、細菌、ウイルス、寄生虫、原虫、カビなどの病原体の感染、食べ過ぎ、薬の副作用などが原因として考えられます。

消化器系疾患・腸炎で積極的に摂りたい栄養素 Best5

1 ビタミンA・β-カロテン
粘膜強化

含まれる食材 ----- **レバー（牛、豚、鶏）、卵黄、ほうれん草、小松菜、ニンジン、かぼちゃ、青のり**

2 ビタミンU
傷ついた胃腸粘膜の保護

含まれる食材 ----- **キャベツ、レタス、アスパラガス、セロリ、青のり**

3 食物繊維
腸内環境を整える

含まれる食材 ----- **ゴボウ、キャベツ、海藻類、インゲン豆、オクラ、かぼちゃ、ブロッコリー**

4 ビタミンB_{12}
貧血防止

含まれる食材 ----- **しじみ、あさり、サンマ、豚肉、卵、鮭、イワシ、サバ、のり、青のり**

5 亜鉛
細胞の生成

含まれる食材 ----- **豚モモ肉、卵、カレイ、鮭、牡蛎、牛モモ肉、ごま、レバー（牛、豚）、大豆、のり、青のり**

下痢や嘔吐による脱水症状を防ぐ

豚肉と白菜の豆乳スープごはん

調理POINT

「腸内環境を整えるには食物繊維が豊富な野菜を加え、消化しやすくなるよう、やわらかく煮込む。肉は脂肪の多い部分は控える」

【材料】

●豚モモ肉
ビタミンB群を豊富に含むたんぱく源

●ごはん
エネルギー源

●豆乳
消化吸収しやすい植物たんぱく質

●白菜
ビタミンCを含み、利尿作用あり。
やわらかく煮込むと消化しやすい野菜

●いんげん
たんぱく質、炭水化物を含む野菜。ビタミンCも含み免疫機能サポート

●ニンジン
β-カロテンとビタミンCが免疫力を高めて感染症予防に

●かぶ
消化酵素ジアスターゼを含む

●レタス
ビタミンUで胃粘膜に優しく、ビタミンCも含む

【作り方】

1 豚肉、白菜、いんげん、ニンジン、かぶ、レタスは食べやすい大きさに切る。

2 鍋に豚肉を入れ表面の色が変わるまで火を通したら、材料がかぶるくらいの豆乳を加える。

3 全ての材料を入れ、やわらかくなるまで煮る。

1

2

3

ビタミンU+酵素で消化をサポート

カレイのみぞれ和え

調理POINT

「脂肪分が少なく消化しやすい白身魚を使用する。タイ、ヒラメ、タラ、カレイなどがおすすめ」

【材料】

●**カレイ**
高たんぱく低脂肪

●**雑穀米**
エネルギー源

●**キャベツ**
ビタミンUが胃粘膜の新陳代謝を活発にする

●**ニンジン**
β-カロテンとビタミンCが免疫力を高めて感染症予防に

●**さやえんどう**
β-カロテン、Cを含む

●**ほうれん草**
β-カロテンを含む。ビタミン、ミネラル豊富で元気の源

ねばねばパワーで胃腸の粘膜保護

山かけマグロ丼

【材料】

●**マグロ(赤身)**
脂肪分の少ない赤身がおすすめ

●**しじみ**
ビタミンB_{12}、旨み成分コハク酸を含む。肝機能強化

●**もち米ごはん**
もち米と種実類を一緒に食べると消化器官が丈夫になり、腸の働きが高まる

●**山芋**
ねばねばパワーで胃腸をいたわる

●**青海苔**
不足しがちなミネラル分の補給

●**おくら**
食物繊維、整腸作用のあるペクチンを含む

●**すりごま**
亜鉛、ビタミンEを含む

●**くず粉**
胃腸の粘膜を保護

【作り方】

1 マグロ、おくらは食べやすい大

体をあたため、胃腸への刺激低減

鮭とポテトのスープ

調理POINT

「材料は消化しやすいように細かく切り、やわらかくなるまで煮る。与えるときは人肌くらいの温度が目安。冷たいときはあたためて!」

【材料】

●**鮭**
ビタミンB_{12}を含むたんぱく源

●**カッテージチーズ**
高栄養で低脂肪

●**じゃがいも**
加熱しても壊れにくいビタミンCを含み、胃腸の粘膜を正常に戻す

●**ブロッコリー**
ビタミンCの含有量はトップクラス

●**トマト**
余分な塩分を排出するカリウムを含む

●**アスパラガス**

●**大根**
消化酵素ジアスターゼを含む
●**ひじき**
不足しがちなミネラル分を補給
●**刻みのり**
ビタミンB_{12}や亜鉛を豊富に含んでいる

【作り方】
1 カレイ、キャベツ、ニンジン、さやえんどう、ほうれん草、ひじきは食べやすい大きさに切る。
2 鍋に**1**とごはんを入れ、材料がかぶるくらいの水を加え、火が通るまで煮る。
3 出来上がったら人肌程度に冷まし、大根おろしと刻みのりを加えて混ぜ合わせる。

きさに切り、山芋はすりおろす。もち米ごはんは米の10%をもち米に変えて炊いておく。
2 鍋にしじみを入れ沸騰させ、だしをとり、身は刻んでおく。だしにまぐろを入れ火を通したら、水溶きにくず粉でとろみをつける。
3 皿にごはんを盛り、青海苔、おくら、すりごまと山芋をのせて、**2**をかける。（新鮮なまぐろの場合生で使用してもよい）

調理POINT
「山芋が持つ消化酵素は熱に弱いため生で使用する。くず粉でとろみをつけて、整腸、胃を保護。」

ビタミンを豊富に含む。アスパラギン酸は滋養強壮効果あり
●**かぼちゃ**
β-カロテンを含み、免疫力を強化
●**しょうが**
体を温め、解毒作用あり

【作り方】
1 鮭、じゃがいも、ブロッコリー、トマト、アスパラガス、かぼちゃは食べやすい大きさに切る。しょうがはすりおろす。
2 鍋に**1**を入れ、じゃがいもがやわらかくなるまで煮る。
3 皿に盛りつけ人肌くらいの温度まで冷まし、カッテージチーズをのせる。

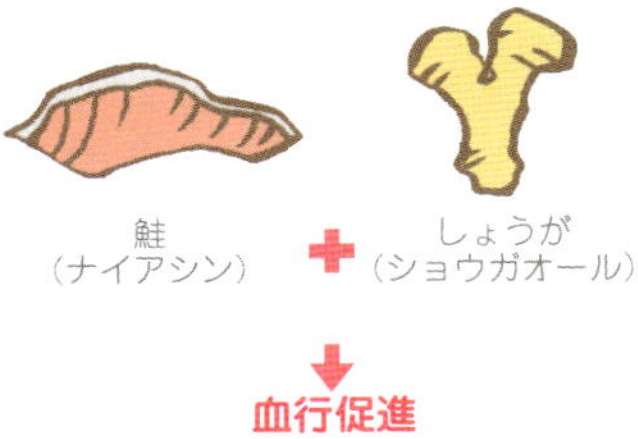

● 1群／穀類グループ　● 2群／肉、魚、卵、乳製品グループ
● 3群／野菜、海藻グループ　● α／油脂グループ　● α／風味付けグループ

肝臓病

肝臓だけでなく他の臓器に問題があることも！

一口に肝臓病といっても、種類がいくつもあり、肝炎、肝硬変、肝不全、薬物による肝臓病、犬伝染性肝炎などがあります。

症状

嘔吐・下痢を繰り返す、黒色便・吐血・意識混濁・犬の口からアンモニア臭がする、腹部を触られるのを嫌がる、やせる、黄疸等。

原因

原因には様々な要因があります。病原体の感染や、食事や薬物による肝臓へのダメージ、太りすぎ等により肝臓に脂肪がたまった場合や、腫瘍、そして事故などによる外的要因などです。

肝臓病で積極的に摂りたい栄養素 Best5

1 ビタミンB_1

糖質の代謝促進

含まれる食材 ----- **小麦胚芽、豚肉、ごま、玄米、オートミール、タラ、レバー（牛、豚、鶏）、ライ麦パン、ほうれん草**

2 ビタミンB_2

細胞の再生を促す

含まれる食材 ----- **焼きのり、鶏、豚、牛レバー、干ししいたけ、納豆、サバ、鶏卵、シシャモ、ひじき、タラ、おから**

3 ビタミンB_{12}

葉酸をサポート、たんぱく質の合成を促す

含まれる食材 ----- **しじみ、あさり、サンマ、イワシ、サバ、鰹節、レバー（牛、豚、鶏）**

4 ビタミンC

免疫力アップ

含まれる食材 ----- **大根、ブロッコリー、カリフラワー、かぼちゃ、小松菜、さつまいも、ピーマン、パセリ、トマト、パプリカ、じゃがいも、レンコン、ニンジン**

5 ビタミンE

感染症への抵抗力アップ

含まれる食材 ----- **クルミ、植物油、大豆、味噌、松の実、カツオ、春菊**

同物同治　肝機能強化＝レバー

レバーじゃが

調理POINT

「ビタミンEを含む食材を加え、解毒・利尿・抗炎作用。肝機能を強化するため、手頃で使いやすい鶏レバーを使用。」

【材料】

●**鶏レバー**
ビタミンA、B群を含むたんぱく源

●**牛乳**
強肝作用のあるメチオニンを含む

●**じゃがいも**
加熱によって分解分解されにくいビタミンCを含む

●**さといも**
消化、解毒酵素ムチンを含有。肝機能強化

●**ニンジン**
β-カロテンとビタミンCが免疫力を高めて感染症予防に

●**ゆで大豆**
ビタミンE源

●**しいたけ**
低カロリーで豊富な繊維

●**さやえんどう**
β-カロテン、ビタミンCを含む

【作り方】

1　レバー、じゃがいも、さといも、ニンジン、大豆、しいたけ、さやえんどうは食べやすい大きさに切る。レバーは大さじ2の牛乳に浸し臭みを取る。

2　鍋にレバーと牛乳を入れ火を通したら、さやえんどう以外の野菜を入れ、材料がかぶるくらいの水を入れて煮込む。

3　全ての材料に火が通ったら、さやえんどうを加えて、混ぜ合わせる。

1

2

3

● 1群／穀類グループ　● 2群／肉、魚、卵、乳製品グループ
● 3群／野菜、海藻グループ　● α／油脂グループ　● α／風味付けグループ

利尿効果と食物繊維で老廃物除去

緑黄色野菜のスープカレー

調理POINT
「野菜は脂溶性、水溶性のビタミンが摂取できるように油で炒めた後に煮込む。肉は赤身を選んで脂肪除去。」

【材料】

- **鶏レバー（または牛レバー）**
  ビタミンB_{12}を含み、たんぱく質の合成を促す
- **牛モモ肉**
  ビタミンB_2を含むたんぱく源。脂肪分の少ない赤みを選ぶ
- **玄米ごはん**
  体力増強に有益。ミネラルを豊富に含む
- **ほうれん草**
  β-カロテンが活性酸素を除去。ビタミン、ミネラル豊富で元気の源
- **トマト**
  余分な塩分を排出するカリウムを含む

解毒作用で肝臓サポート

タラの味噌風味おじや

【材料】

- **タラ**
  高たんぱく低脂肪
- **ハトムギごはん**
  体力増強に有益。肝機能の正常化に働きかける
- **ブロッコリースプラウト**
  解毒作用があり、肝機能強化
- **ごぼう**
  豊富な食物繊維で解毒、腸内の老廃物を排泄
- **しめじ**
  ビタミンD、うまみの成分グルタミン酸を含む
- **れんこん**
  ビタミンCを含み、免疫力強化。消炎作用のタンニン含有
- **ニンジン**
  β-カロテンとビタミンCが免疫力を高めて感染症予防に
- **みそ**
  サポニンや酵素などを含む発酵食

休肝日は食事の量を少なめに

ささみのあんかけごはん

調理POINT
「少ない食事量で満足できるようおからを使用。しじみのだし汁をたっぷり使い、とろみをつけて旨みとボリュームUP。」

【材料】

- **鶏ささみ**
  高たんぱく低脂肪のたんぱく源
- **雑穀ごはん**
  ビタミン、ミネラルを含むエネルギー源
- **おから**
  低カロリー、食物繊維も豊富に含む
- **パプリカ**
  ビタミンC、Pをあわせ持ち、加熱によるビタミンCの損失が少ない
- **松の実**
  ビタミンE源
- **ほうれん草**

●ニンジン
β-カロテンとビタミンCが免疫力を高めて感染症予防に

●かぼちゃ
β-カロテンを含み、免疫力を強化

●ひじき
不足しがちなミネラル分の補給

●オリーブオイル
エネルギー源

●うこん（ターメリック）
肝機能の強化

【作り方】

1 レバー、牛肉、ほうれん草、トマト、ニンジン、かぼちゃ、ひじきは食べやすい大きさに切る。ほうれん草は下茹でする。

2 鍋にオリーブオイルを熱し、**1**を炒め合わせる。材料がかぶるくらいの水、うこん少々、ごはんを加え、火が通るまで煮る。

3 皿に盛って出来あがり。

品。解毒作用あり

●かつおぶし
嗜好性向上の旨み

【作り方】

1 タラ、ごぼう、しめじ、れんこん、にんじんは食べやすい大きさに切る。

2 鍋に**1**とハトムギごはんを入れ、材料がかぶるくらいの水を入れて煮る。（味噌は小さじ1を目安に）

3 れんこんがやわらかくなったらブロッコリースプラウトを入れて出来上がり。

調理POINT

「高たんぱく低脂肪のタラは肝臓にやさしい食材。淡白な風味なのでだしをきかせたスープを使用する。」

β-カロテンが活性酸素を除去。ビタミン、ミネラル豊富で元気の源

●大根
消化酵素ジアスターゼを含む

●しじみ
肝機能強化

●片栗粉
食べやすいようにとろみをつける

【作り方】

1 ささみ、パプリカ、ほうれん草、大根は食べやすい大きさに切る。

2 鍋にしじみとしじみがかぶるくらいの水を入れ沸騰させてだしをとる。しじみの身はきざんでおく。

3 **2**に**1**とおから、ごはんを入れ、やわらかくなるまで煮込んだら水溶き片栗粉でとろみをつけ、最後に松の実を加える。

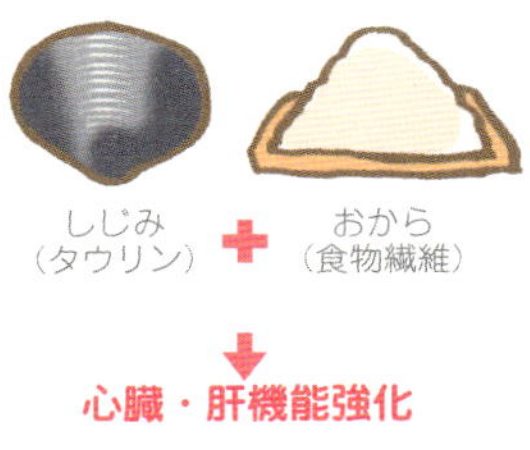

腎臓病

腎機能が正常に機能していない状況が腎不全

腎臓病には、腎臓そのものに問題がある場合と、腎臓以外の部分が病気になって腎機能が十分発揮できないことがあります。

症状

主に食欲低下、嘔吐、下痢、脱水、ひどいときには尿毒症を引き起こすこともあり、悪化すると痙攣などの神経症状が出ることもあります。

原因

様々な原因が考えられますが、主に病原体（細菌、ウイルス、寄生虫など）感染によるものです。毒物により、糸球体の基底膜に異常が生じることもあります。

腎臓病で積極的に摂りたい栄養素 Best5

1 EPA・DHA
免疫力を保ち、炎症抑制

含まれる食材 ----- **イワシ、サンマ、アジ、ブリ、サバ、鮭、ちりめんじゃこ**

2 アスタキサンチン
活性酸素を抑制

含まれる食材 ----- **鮭、さくらえび**

3 ビタミンC
免疫力アップ

含まれる食材 ----- **大根、ブロッコリー、カリフラワー、かぼちゃ、小松菜、さつまいも、ピーマン、パセリ、トマト、じゃがいも**

4 ビタミンA、β-カロテン
歯周病の予防、粘膜強化

含まれる食材 ----- **レバー（牛、豚、鶏）、卵黄、ほうれん草、小松菜、ニンジン、カボチャ**

5 植物性たんぱく質
動物性たんぱく質の代替。たんぱく質制限必要の場合、豆を中心に。

含まれる食材 ----- **大豆、納豆、そら豆、豆腐、豆乳、枝豆、小豆**

利尿効果で老廃物、毒素の排出

スープチャーハン

調理POINT

「ちりめんじゃこで煮出しただしで食欲向上、利尿効果UP。免疫力強化には緑黄色野菜の摂取が効果的。」

【材料】

●**卵**
アミノ酸バランスの優れたたんぱく源

●**ごはん**
エネルギー源

●**トマト**
カリウムを豊富に含み、余分なナトリウムを排出

●**ほうれん草**
β-カロテンが活性酸素を除去。ビタミン、ミネラル豊富で元気の源

●**豆腐**
植物性のたんぱく源

●**とうがん**
カリウムが豊富で利尿効果あり

●**ごま油**
エネルギー源

●**ちりめんじゃこ、さくらえび**
嗜好性の向上。カルシウム源

【作り方】

1 トマト、ほうれん草、豆腐、とうがんは食べやすい大きさに切る。卵とごはんは混ぜ合わせておく。

2 鍋にごま油を熱し、ご飯を炒め皿に盛る。同じ鍋に**1**の野菜、ちりめんじゃこ、さくらえびを入れ、かぶる程度の水を加えて煮込む。

3 ご飯の上から野菜入りのスープをかける。

たんぱく質の摂取を制限されたら、豆で代用を

豆乳グリーンスープ

調理POINT

「豆類を中心に植物性たんぱく質を摂取。風味付けにパルメザンチーズを少量加える」

【材料】

- **鶏ひき肉**
  ビタミンAを豊富に含み、肝臓に脂肪の蓄積を防ぐメチオニンを含有
- **パルメザンチーズ**
  嗜好性向上
- **豆乳**
  消化吸収しやすい植物性たんぱく質
- **じゃがいも**
  カリウムを豊富に含み、余分なナトリウムを排出する
- **そらまめ**
  カリウムを豊富に含み、利尿作用がある
- **グリーンピース**

海草使って血液浄化

鮭わかめごはん

【材料】

- **鮭**
  活性酵素を防ぐ抗酸化物質アスタキサンチンを含む
- **雑穀ごはん**
  ビタミン、ミネラルを豊富に含むエネルギー源
- **小松菜**
  β-カロテン、ビタミンCを豊富に含む。抵抗力の強化
- **わかめ**
  海草類は血液をアルカリ性にし、血液浄化作用がある
- **青海苔**
  海草類は血液をアルカリ性にし、血液浄化作用がある
- **枝豆**
  カリウムを豊富に含み、利尿作用あり
- **すりごま**
  ビタミンE源
- **ごま油**
  ビタミンE源
- **こんぶ粉末**

イワシペプチドで腎機能強化

イワシのおじや

調理POINT

「腸内を洗浄、腎機能を助けるために食物繊維を含む野菜を取り入れる。消化を助けるためにやわらかく煮込むことを忘れずに。」

【材料】

- **イワシ**
  EPA、DHAを豊富に含むたんぱく源
- **玄米ごはん**
  ビタミンB群を豊富に含むエネルギー源
- **ごぼう**
  食物繊維が豊富で老廃物を排出
- **大根**
  消化酵素ジアスターゼを含む
- **白菜**
  ビタミンCを含み、利尿作用あり。やわらかく煮込むと消化しやすい野菜
- **ひじき**
  不足しがちなミネラル源

カリウムを含み、むくみの解消

●**かぼちゃ**

β-カロテンを含み、免疫力を強化

●**ニンジン**

β-カロテンとビタミンCが免疫力を高めて感染症予防に

●**ちりめんじゃこ**

EPA・DHAを含む

●**さくらえび**

アスタキサンチンを含む。カルシウム源

【作り方】

1 パルメザンチーズ以外の材料をフードプロセッサーでペーストにする。

2 鍋に移し、底が焦げないように混ぜながら火を通す。

3 人肌程度に冷まし皿に盛ったら、上からパルメザンチーズをふりかける。

そらまめ（カリウム）

＋

かぼちゃ（カリウム）

↓

利尿作用

海藻類は血液をアルカリ性にし、血液浄化作用がある

【作り方】

1 鮭、小松菜、わかめ、枝豆は食べやすい大きさに切る。

2 鍋に鮭とごはん、こんぶ粉末と材料がかぶるくらいの水を入れ火が通るまで煮る。

3 小松菜、わかめ、枝豆を入れ全体を混ぜ、火を通したら皿に盛り、青海苔、ごま油、すりごまをふりかける。

昆布・わかめ（食物繊維）

＋

鮭（ビタミンB6）

↓

むくみの改善

調理POINT

「ビタミンEが血液をサラサラに。海藻と合わせて摂取すると血液浄化効果がアップ。」

●**ニンジン**

β-カロテンとビタミンCが免疫力を高めて感染症予防に

●**ゆで小豆**

サポニンを含み、利尿効果でむくみを解消

●**さくらえび**

アスタキサンチンを含むカルシウム源

【作り方】

1 いわし、ごぼう、大根、白菜、ひじき、ニンジンは食べやすい大きさに切る。

2 鍋でいわしをそぼろ状になるまで火を通す。

3 全ての材料を加えたら、材料がかぶるくらいの水を加えて煮込む。

イワシ（EPA）

＋

ごぼう（食物繊維）

↓

血中尿素減少

● 1群／穀類グループ　● 2群／肉、魚、卵、乳製品グループ
● 3群／野菜、海藻グループ　● α／油脂グループ　● α／風味付けグループ

肥満

愛犬の肥満は飼い主が作る生活習慣病です

愛犬が欲しいままに食べさせることは、愛情ではなく飼い主さんの自己満足です。一歳過ぎたら一日一食で十分です。

症状

次の3つのポイント(1)背骨の突起がわかるか？(2)脇腹をなでて、肋骨がわかるか？(3)ウエストのくびれがあるか？が一つでも×ならば、解決すべきでしょう。

原因

原因は単純で、その子の消費を上回る摂取があることが問題です。遺伝的な素因がある場合、年齢や不妊手術の影響、運動不足、食事やおやつの食べ過ぎがあります。

肥満で積極的に摂りたい栄養素 Best5

1 ビタミンB1

糖質の代謝促進

含まれる食材 ----- **豚肉、大豆、胚芽精米、玄米、煮干し、油揚げ、おから**

2 ビタミンB2

脂質の代謝促進

含まれる食材 ----- **乳製品、レバー（豚、牛）、イワシ、シャケ、緑黄色野菜、豆類、卵黄、煮干し**

3 リジン、メチオニン

カルニチン合成により、脂肪燃焼効果アップ

含まれる食材 ----- **鶏卵、鶏肉（ササミ、ムネ）、ヨーグルト、納豆、豚モモ肉、牛モモ肉、マグロ、アジ**

4 食物繊維

余分な脂質、糖質の排出。満腹感

含まれる食材 ----- **ゴボウ、キャベツ、おから、ひじき、ブロッコリー、パイナップル、切り干し大根**

5 リノール酸

血中コレステロール減少

含まれる食材 ----- **植物油**

L-カルニチンで体脂肪燃焼

牛ごぼうそば

調理POINT

「ビタミンB1が豊富な煮干だしを使用。煮干は粉末にしておくと便利で使いやすい。体脂肪を燃焼させるためには、運動も大切。」

【材料】

●**牛もも肉**
脂肪を燃焼させるL-カルニチンを含むたんぱく源

●**そば**
そばたんぱくには体脂肪の蓄積を防ぐ効果あり

●**ごぼう**
豊富な食物繊維で老廃物を排出

●**ニンジン**
β-カロテンとビタミンCが免疫力を高めて感染症予防に

●**わかめ**
不足しがちなミネラル分の補給

●**もやし**
水分と食物繊維を豊富に含む。ボリュームUPに

●**ごま油**
エネルギー源

●**煮干し**
カルシウムを含む。嗜好性の向上

【作り方】

1 牛肉、ごぼう、ニンジン、わかめ、もやし、煮干しは食べやすい大きさに切る。

2 鍋にごま油を熱し、牛肉、ごぼう、ニンジンを炒め合わせる。わかめ、もやし、煮干し、具材がかぶる程度の水を加え沸騰させる。

3 沸騰したら適当な長さに切ったそばを加え、材料がやわらかくなるまで煮込む。

クエン酸で体脂肪分解を助ける

ハワイアンチャーハン

調理POINT
「クエン酸はかんきつ類に含まれるためパイン、オレンジ、グレープフルーツなどを使用。手軽に使えるレモン果汁や酢でも代用可」

【材料】

- **豚モモ肉**
  代謝を促進するビタミンB群を豊富に含むたんぱく源
- **玄米ごはん**
  ミネラル豊富なエネルギー源
- **パイナップル**
  クエン酸と食物繊維を豊富に含む
- **パプリカ**
  ビタミンC、Pをあわせ持ち、加熱によるビタミンCの損失が少ない
- **アスパラガス**
  ビタミンを豊富に含む。アスパラギン酸は滋養強壮効果あり
- **レタス**

食物繊維で便秘解消、おなかスッキリ

ひじきごはん

【材料】

- **アジ**
  ビタミンB_2を含むたんぱく源
- **玄米ごはん**
  エネルギー源
- **ひじき**
  不足しがちなミネラル分を補給
- **ニンジン**
  β-カロテンとビタミンCが免疫力を高めて感染症予防に
- **油揚げ**
  ビタミンB_1を含む
- **糸こんにゃく**
  低カロリーで腸内のお掃除
- **切干大根**
  食物繊維やビタミン、ミネラルを含む
- **しいたけ**
  低カロリーで豊富な食物繊維
- **貝割れだいこん**
  消化を助けるジアスターゼを含む
- **ごま油**
  リノール酸を含むエネルギー源

低カロリーで満腹感を演出

卵の花おじや

調理POINT
「おからは味を吸収するため、鶏肉と一緒に炒めて旨みを凝縮。満腹感を得やすく、ダイエットにオススメ。」

【材料】

- **鶏ムネ肉**
  皮を除けば低カロリーで必須アミノ酸豊富なたんぱく源
- **卵**
  アミノ酸バランスの優れたたんぱく源
- **雑穀ごはん**
  ミネラル豊富なエネルギー源
- **おから**
  食物繊維豊富で低カロリー
- **しいたけ**
  低カロリーで繊維が豊富
- **小松菜**
  β-カロテン、ビタミンCを豊富に含む。抵抗力の強化
- **ニンジン**

ビタミンUを含み胃腸の粘膜保護

●**パセリ**
βカロテンを豊富に含む

●**アーモンドスライス**
ビタミンE源

●**オリーブオイル**
エネルギー源

【作り方】

1 豚肉、パイナップル、パプリカ、アスパラ、レタスは食べやすい大きさに切る。パセリはみじん切りにする。

2 鍋にオリーブオイルを熱し豚肉とパイナップルを炒める。

3 豚肉に火が通ったら、その他の材料を全て加え全体に火が通るまで炒め合わせる。

豚肉（ビタミンB2）＋パイン（クエン酸）

↓

脂質の代謝促進

【作り方】

1 アジ、ひじき、ニンジン、油揚げ、糸こんにゃく、切干大根、しいたけは食べやすい大きさに切る。

2 お釜に洗った米1合分と通常ご飯を炊く場合の水を入れ、**1**の材料とごま油を加えて炊飯する。

3 人肌に冷まして貝割れ大根を混ぜ合わせ、皿に盛る。

ひじき（マグネシウム）＋油揚げ・玄米（ビタミンB1）

↓

糖質の代謝促進

調理POINT

「低カロリーのこんにゃくで増量。貝割れ大根は大根同様ジアスターゼを含み消化を助けて胃腸の働きを整える。」

βカロテンとビタミンCが免疫力を高めて感染症予防に

●**ごま油**
エネルギー源

【作り方】

1 鶏肉、しいたけ、小松菜、ニンジンは食べやすい大きさに切る。

2 鍋にごま油を熱し鶏肉、おからを炒め合わせる。しいたけ、小松菜、ニンジンとご飯を加えたら、材料がかぶるくらいの水を入れ沸騰させる。

3 沸騰したら溶き卵を流しいれて、全体に火を通す。

ごま油（油脂）＋おから（食物繊維）

↓

便秘解消

● 1群／穀類グループ　● 2群／肉、魚、卵、乳製品グループ
● 3群／野菜、海藻グループ　● α／油脂グループ　● α／風味付けグループ

関節炎

歩き方が不自然ならば関節炎を疑います

先天性の骨関節の病気や、激しい運動、肥満や老化など、さまざまな原因で起こりえます。歩き方をよく観察してください。

症状

歩行異常が見られるようになります（歩くのが遅くなったり、階段の上り下りができなくなったり、足を引きずるなど）。また、触ると痛がるようになります。

原因

股関節形成不全などにより、関節に炎症が起こったり、悪化して骨が変形してしまう場合もあります。また、膝の前十字靭帯断裂や、リウマチなどが原因になっている場合もあります。

関節炎で積極的に摂りたい栄養素 Best5

1 たんぱく質

筋力アップ

含まれる食材 ----- **鶏卵、牛肉（スネ、スジ）、鶏手羽先、カツオ、マグロ、イワシ、鮭、さくらえび、鶏軟骨**

2 コンドロイチン

関節の働きをサポート

含まれる食材 ----- **ヒラメ、鶏の皮、鶏や豚の軟骨、海藻類、納豆、のり**

3 グルコサミン

軟骨の修復

含まれる食材 ----- **牡蛎、納豆、山芋、めかぶ、さくらえび**

4 カルシウム

骨の形成

含まれる食材 ----- **ちりめんじゃこ、さくらえび、大豆、海藻類**

5 ビタミンC

コラーゲンの生成、骨や筋肉の強化

含まれる食材 ----- **大根、ブロッコリー、カリフラワー、かぼちゃ、小松菜、さつまいも、ピーマン、パセリ、パプリカ**

肥満予防で負担軽減

野菜たっぷりうどん

調理POINT

「牛スジ肉でだしをとり、野菜でボリューム感をだす。野菜を多く使用するときは、消化しやすく細かく刻む。」

【材料】

●**牛スジ肉**
コラーゲンを含むたんぱく源

●**ゆでうどん**
糖質の少ないエネルギー源

●**もやし**
水分と食物繊維を豊富に含む。ボリュームUPに

●**ニンジン**
β-カロテンとビタミンCが免疫力を高めて感染症予防に

●**ピーマン**
ビタミンC、Pをあわせ持ち、加熱によるビタミンCの損失が少ない

●**しいたけ**
低カロリーで繊維が豊富

●**キャベツ**
ビタミンUを含み胃腸の粘膜保護

●**刻みのり**
コンドロイチンで関節をサポート

●**さくらえび**
嗜好性の向上

【作り方】

1　牛スジ肉、もやし、ニンジン、ピーマン、しいたけ、キャベツ、うどんは食べやすい大きさに切る。

2　鍋に牛すじ肉、さくらえびと水300ccを入れだしをとる。アクをとりながら牛すじ肉に火が通るまで煮る。

3　うどんと野菜を加え、野菜がくたくたにやわらかくなるまで煮て、最後に刻みのりを加える。

1

2

3

● 1群／穀類グループ　● 2群／肉、魚、卵、乳製品グループ
● 3群／野菜、海藻グループ　● α／油脂グループ　● α／風味付けグループ

たんぱく質とねばねばで筋力UP

納豆チャーハン

調理POINT
「熱に弱い酵素をもつ山芋、おくらは生で使用。納豆のねばねばが苦手な子は一緒に炒めて、納豆好きは生でトッピング。」

【材料】
- **鮭**
  DHA・EPAを含むたんぱく源
- **はとむぎごはん**
  体力アップの有益なエネルギー源
- **納豆**
  コンドロイチン、グルコサミンを含む植物性たんぱく質
- **ひじき**
  不足しがちなミネラル分を補給
- **ブロッコリー**
  ビタミンCを豊富に含む
- **山芋**
  グルコサミンを含むねばねば成分
- **おくら**

コンドロイチンとグルコサミンで関節の働きをサポート

鶏軟骨入りおじや

【材料】
- **鶏なんこつ**
  コンドロイチン、コラーゲンを含むたんぱく源
- **ごはん**
  エネルギー源
- **わかめ（めかぶ）**
  不足しがちなミネラル。
- **なめこ**
  たんぱく質の吸収を助けるムチンを含む
- **かぼちゃ**
  β-カロテンを含み、免疫力を強化
- **かぶ**
  消化酵素時ジアスターゼを含む
- **ニンジン**
  β-カロテンとビタミンCが免疫力を高めて感染症予防に
- **さくらえび**
  嗜好性の向上

抗酸化物質で炎症を抑える

ブイヤベースリゾット

調理POINT
「果物や野菜は抗酸化物質を含むものが多いため、彩り豊かに季節の野菜を豊富に使用する。」

【材料】
- **カツオ**
  筋力アップのためのたんぱく源
- **玄米ごはん**
  ミネラル豊富なエネルギー源
- **トマト**
  抗酸化物質リコピンを含む
- **春菊**
  ビタミンEを含み、アクが少なく使いやすい食材
- **パプリカ**
  ビタミンC、Pをあわせ持ち、加熱によるビタミンCの損失が少ない
- **キャベツ**
  ビタミンUを含み胃腸の粘膜を保護

たんぱく質の吸収を助けるムチンを含む

●**ごま油**
エネルギー源

【作り方】

1 鮭、ひじき、ブロッコリー、おくらは食べやすい大きさに切る。山芋はすりおろす。

2 鍋にごま油を熱し、鮭、納豆を炒め合わせる。鮭に火が通ったらごはんとひじき、ブロッコリーを加え全体に火を通す。

3 **2**を人肌に冷まし皿に盛り、山芋とおくらをトッピングする。

はとむぎ
（ビタミンB1）

＋

納豆
（大豆ペプチド）

↓

筋力強化

【作り方】

1 かぼちゃ、かぶ、ニンジンは食べやすい大きさに切る。

2 鍋で鶏なんこつとさくらえびを炒める。ごはん、かぼちゃ、かぶ、ニンジンを加えて、材料がかぶるくらいの水を入れ煮る。

3 最後に刻んだわかめ、なめこを加え、ひと煮立ちさせる。

鶏の軟骨
（コンドロイチン）

＋

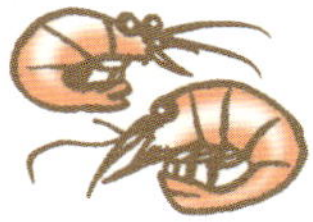

さくらえび
（グルコサミン）

↓

関節の痛みを解消

調理POINT

「小型犬でまるのみが心配ならば、軟骨は小さくカットして加える。」

●**サフラン**
鎮痛効果あり

●**もずく**
海藻にはカルシウム・コンドロイチンが含まれる

●**さくらえび**
風味豊かなカルシウム源

【作り方】

1 カツオ、トマト、春菊、パプリカ、キャベツは食べやすい大きさに切る。

2 春菊以外の全ての材料を鍋に入れ、材料がかぶるくらいの水を加えて煮る。

3 全体に火が通ったら、春菊を加え混ぜ合わせる。

トマト
（リコピン、抗酸化物質）

＋

カツオ
（DHA）

↓

炎症をおさえる

● 1群／穀類グループ　● 2群／肉、魚、卵、乳製品グループ
● 3群／野菜、海藻グループ　● α／油脂グループ　● α／風味付けグループ

糖尿病

多飲多尿で、たくさん食べるのに太れない

インスリンは、犬の体全体に働いて体の細胞が糖を吸収したり、肝臓が脂肪やたんぱく質を蓄えるのをサポートします。

症状

水を飲む量が多くなり、尿の量や回数が多くなります。また、食欲が増えたのにいくら食べてもやせていくという状態に。

原因

糖尿病には2つの種類があります。1つは、インスリンが、膵臓から分泌されなくなることで発生するインスリン依存性です。もう1つは、インスリンは分泌されているものの、そのはたらきが低下するために起こるインスリン非依存性です。

糖尿病で積極的に摂りたい栄養素 Best5

1 セレン
体を活性酸化から守る

含まれる食材 ----- **イワシ、ブロッコリー、牛モモ肉、卵、鶏肉、アジ、カレイ**

2 亜鉛
細胞を生成、感染症予防

含まれる食材 ----- **牡蛎、牛モモ肉、ごま、レバー（牛、豚）、大豆、枝豆、アサリ、煮干し**

3 ビタミンB_1
糖質の代謝促進

含まれる食材 ----- **豚肉、大豆、胚芽精米、玄米、枝豆、ニンジン、きのこ類、カレイ、煮干し**

4 ビタミンC
免疫力の強化

含まれる食材 ----- **大根、ブロッコリー、カリフラワー、かぼちゃ、小松菜、さつまいも、ピーマン、パセリ、白菜**

5 ビタミンA・β-カロテン
感染症予防

含まれる食材 ----- **レバー（牛、豚、鶏）、卵黄、ほうれん草、小松菜、ニンジン、かぼちゃ、春菊**

血糖値の上昇を抑える

ゴーヤチャンプルー

調理POINT

「血糖値降下作用のある野菜と、食物繊維を豊富に含む低カロリー食品おからを使用する。ごはんは少なめに！食べすぎないことが血糖値上昇を抑えるためには大事。」

【材料】

●**豚モモ肉**
ビタミンB群を豊富に含むたんぱく源。脂肪の少ない赤みを使う

●**卵**
アミノ酸バランスのすぐれたたんぱく源

●**きびごはん（米にきび10%を混ぜて炊く）**
ビタミン、ミネラルを含むエネルギー源。すい臓のはたらきを助ける

●**おから**
食物繊維が豊富。腹持ちをゆくするため使用

●**ニンジン**
β-カロテンの宝庫。感染症を予防し、血糖値降下作用アリ

●**ほうれんそう**
ビタミン、ミネラルを含む元気の源。血糖値降下作用アリ

●**ゴーヤ（にがうり）**
ビタミンC、ペプチドPを含み、血糖値降下作用アリ

●**ピーマン**
ビタミンC、Pをあわせ持ち、加熱によるビタミンCの損失が少ない

●**すりごま**
亜鉛、ビタミンE源

●**ごま油**
エネルギー源

【作り方】

1 豚肉、ニンジン、ほうれん草、ゴーヤ、ピーマンは食べやすい大きさに切る。ほうれん草は下茹でする。

2 鍋にごま油を熱し、炒り卵をつくり、豚肉とおから、ごはんを入れて炒め合わせる。

3 にんじん、ほうれんそう、ゴーヤ、ピーマンとすりごまを加え、水100ccを入れたら全体に火が通るまで炒め煮にする。

1

2

● 1群／穀類グループ　● 2群／肉、魚、卵、乳製品グループ
● 3群／野菜、海藻グループ　● α／油脂グループ　● α／風味付けグループ

利尿作用で体内の老廃物を排出

具だくさんひじき煮

調理POINT

「ごはんの代わりに食物繊維を豊富に含むさつまいもを使用。豊富に含まれる食物繊維で体内に蓄積した毒素を排出。さつまいもやかぼちゃは加熱すると甘みを増す。」

【材料】

●**鶏ひき肉**
ヘルシーで必須アミノ酸のバランスが良いたんぱく源。ムネ肉のひき肉がおすすめ

●**さつまいも**
食物繊維を豊富に含み、甘い味が犬に好まれやすい

●**かぼちゃ**
ビタミンB_1が糖質の代謝に働く。甘い味は犬に好まれやすい

●**ゆで小豆**
サポニンを含み、利尿作用アリ

過食禁止！ 肥満解消

麦とろろごはん

【材料】

●**アジ**
DHA、EPAを含むたんぱく源。体を活性酸素から守る

●**あさり**
解毒作用あり

●**麦ごはん**
食物繊維を豊富に含むエネルギー源。不溶性食物繊維

●**山芋**
ねばねばパワーで胃腸をいたわる。血糖値降下作用あり

●**しめじ**
食物繊維が豊富で低カロリー

●**白菜**
ビタミンCを含み、利尿作用あり。やわらかく煮込むと消化しやすい野菜

●**わかめ**
不足しがちなミネラル源。水溶性食物繊維

●**ニンジン**

糖尿病との関係深い
糖質の代謝をサポート

もずくそば

調理POINT

「糖質の代謝を助けるビタミンB1、ナイアシンを含むカレイを使用。糖尿病におすすめのそばをエネルギー源として組み合わせています。そばは食べやすいように短く切るとよいでしょう。」

【材料】

●**カレイ**
高たんぱく低脂肪

●**そば**
インスリンの分泌を促す

●**春菊**
β-カロテンを含み、感染症を防ぐ

●**しいたけ**
低カロリーでビタミンB群を含む

●**ごぼう**
食物繊維が豊富

●**かぼちゃ**

●**枝豆**
サポニンを含み、利尿作用あり。植物性たんぱく質を含む
●**えのきだけ**
糖質の分解を助ける低カロリー食材
●**ひじき**
不足しがちなミネラル源
●**昆布粉末**
不足しがちなミネラル源

【作り方】

1 さつまいも、かぼちゃ、ゆで小豆、枝豆、えのきだけ、ひじきは食べやすい大きさに切る。
2 鍋に鶏ひき肉を入れ、火を通す。
3 全ての材料を鍋に加え、材料がかぶるくらいの水を加えて煮る。さつまいも、かぼちゃがやわらかくなったら出来上がり。

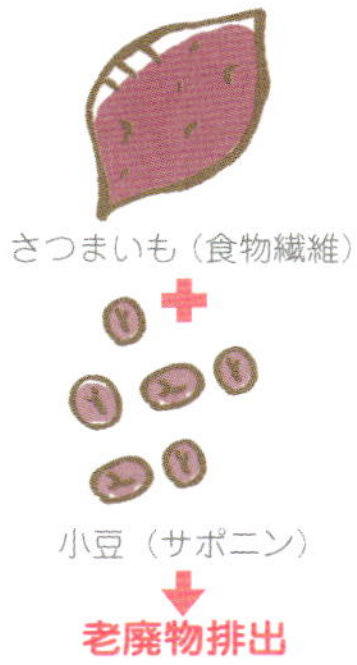

β-カロテンの宝庫。感染症を予防し、血糖値降下作用あり
●**きゅうり**
水分とカリウムを豊富に含み、利尿作用あり

【作り方】

1 アジ、しめじ、白菜、わかめ、ニンジンは食べやすい大きさに切る。きゅうりと山芋はすりおろす。
2 鍋にあさりを入れ、あさりがかぶるくらいの水を加えだしをとる。だしをとったらあさりの身は細かく刻む。アジ、しめじ、白菜、わかめ、人参と麦ご飯を加え煮込む。
3 皿に**2**を盛り、上からきゅうりと山芋のすりおろしをのせる。

調理POINT
「水分をたっぷり含んだ低カロリー少量のご飯で満足感UP。水溶性食物繊維で老廃物を排出し、不溶性食物繊維で満腹感」

ビタミンB_1が糖質の代謝に働く。インスリンの分泌を促す
●**もずく**
ミネラル、食物繊維をはじめアミノ酸も含む低カロリー食材
●**煮干し**
カルシウムを含む。嗜好性の向上

【作り方】

1 カレイ、春菊、しいたけ、ごぼう、かぼちゃ、もずくは食べやすい大きさに切る。煮干は粉末にする。
2 鍋にカレイ、しいたけ、ごぼう、かぼちゃ、煮干を入れ、材料がかぶるくらいの水を加えたら沸騰させる。
3 沸騰したらそばを適当な大きさに折りながら加え、材料がやわらかくなるまで煮込む。最後に春菊ともずくを加え混ぜる。

● 1群／穀類グループ　● 2群／肉、魚、卵、乳製品グループ
● 3群／野菜、海藻グループ　● α／油脂グループ　● α／風味付けグループ

心臓病

咳、運動を嫌がる、失神は三大症状です

心臓病の子は塩分を控えることが重要といわれておりますが、それよりもいろいろな食材を食べることの方が重要です。

症状

咳、疲れやすい・運動を嫌がる、失神し倒れる、呼吸困難、おなかが膨らんでくる、ごはんを食べているのにやせてくる、チアノーゼ（酸素が不足し、口のなかの粘膜が紫色になる）

原因

歯周病菌が歯茎から血液に侵入し、心臓に到達して心臓病の原因となるという説もありますが、実際のところ、明確な原因はわかっておりません。

心臓病で積極的に摂りたい栄養素 Best5

1 EPA・DHA

血流、血行を良くし、血管の健康を維持する。血圧低下

含まれる食材 ----- ブリ、サンマ、イワシ、煮干し、タラ、鮭、サバ、ブリ

2 ビタミンE

動脈硬化の予防

含まれる食材 ----- クルミ、植物油、大豆、カツオ、春菊

3 ビタミンQ

歯周病の予防、心臓の働きを強化する

含まれる食材 ----- 豚レバー、ブロッコリー、カリフラワー、カツオ、マグロ、内臓肉（牛、豚）、鰹節、イワシ、くるみ、ほうれん草

4 ビタミンC

免疫力の強化、血管壁を強化する

含まれる食材 ----- 大根、ブロッコリー、カリフラワー、かぼちゃ、小松菜、さつまいも、ピーマン、パセリ、ニンジン、パプリカ、セロリ、トマト

5 食物繊維

血液中の余分な脂肪を排出する

含まれる食材 ----- ごぼう、キャベツ、おから、ひじき、ブロッコリー、オートミール、レタス

利尿作用で余分な水分を排出

和風納豆おじや

調理POINT

「激しい運動ができない子には低カロリーで満足度の高い食事を！水分をたっぷり含んだおじやには利尿作用のあるカリウムを含む野菜を加えて、心臓の負担を軽減」

【材料】

●**鶏むね肉**
アミノ酸を豊富に含むたんぱく源。皮を除去すればさらにヘルシー

●**ハトムギごはん**
体力アップの有益なエネルギー源。利尿作用アリ

●**納豆**
スタミナ増強、納豆菌は酵素がいっぱい。利尿作用アリ

●**青じそ**
β-カロテンを豊富に含む。食欲増進効果アリ

●**ごぼう**
食物繊維を豊富に含み、余分な老廃物を排出

●**カリフラワー**
ビタミンQを含み、心臓の働きをサポート

●**ニンジン**
β-カロテンの宝庫。ビタミンCが免疫力を強化

●**ごま油**
エネルギー源

●**煮干し**
不足しがちなミネラル源。EPA・DHAを含む

【作り方】

1 鶏肉、青じそ、ごぼう、カリフラワー、ニンジンは食べやすい大きさに切る。

2 鍋に鶏肉、ごぼう、ニンジン、カリフラワーを入れて炒め合わせる。ごはん、煮干、具材がかぶる程度の水を入れ、水分が少なくなるまで煮る。

3 **2**を皿に移したら納豆、しそを盛り、ごま油をティースプーン1杯程度たらす。

1

2

3

血行促進　負担の軽減

タラのトマトクリームリゾット

調理POINT
「血行促進作用のある食べ物を取り入れることで、血液の流れをよくする。EPA、DHAを含む魚にビタミンEを含む食材や植物油を加えるとよい。」

【材料】

●**タラ**
低脂肪で低カロリー。血行促進作用アリ

●**玄米ごはん**
ビタミンEを含むエネルギー源。血行促進作用アリ

●**パプリカ**
ビタミンC、Pをあわせ持ち、加熱によるビタミンCの損失が少ない

●**トマト**
抗酸化物質リコピン。毛細血管を強化するルチンも含む

●**ブロッコリー**
ビタミンCを豊富に含む。免疫力

万病の元　肥満を防ぐ

サーモンオートミール粥

【材料】

●**鮭**
消化吸収が良く、犬に好まれやすいたんぱく源

●**オートミール**
食物繊維を豊富に含むエネルギー源。やわらかく煮込んで使用

●**ほうれん草**
ビタミンQを含む緑黄色野菜

●**コーン**
表皮に食物繊維が豊富なエネルギー源

●**しいたけ**
低カロリーで脂質、糖質の代謝を促すビタミンB群を含む

●**セロリ**
食物繊維、ビタミンCを含む。コレステロールを低下させる

●**豆腐**
ボリュームUP

●**ニンジン**
β-カロテンの宝庫。ビタミンC

コレステロール値を下げて血液サラサラ

イワシのサラダ風混ぜご飯

調理POINT
「コレステロール値を下げるには青魚がオススメ。野菜に含まれる食物繊維がコレステロールを吸着、排出してくれます。」

【材料】

●**イワシ**
EPA、DHAを豊富に含むたんぱく源

●**雑穀ごはん**
ビタミン、ミネラルを豊富に含むエネルギー源

●**しょうが**
解毒作用あり。食欲増進効果

●**レタス**
ビタミンUが胃腸の粘膜を保護

●**トマト**
抗酸化物質リコピンを含む

●**きゅうり**
水分たっぷり、利尿作用アリ

●**おくら**

の強化

●**キャベツ**
ビタミンUを含み胃腸の粘膜保護

●**しょうが**
体を温め、解毒やコレステロールを下げる作用あり。血行促進作用

●**豆乳**
吸収しやすい植物性たんぱく質

●**オリーブオイル**
エネルギー源

【作り方】

1 タラ、パプリカ、ブロッコリー、トマト、キャベツは食べやすい大きさに切る。しょうがはすりおろす。

2 鍋にオリーブオイルを熱し、しょうがとたらを炒める。玄米ごはん、パプリカ、トマト、キャベツ、豆乳を加えひと煮たちしたら、材料がかぶるくらいの水を加え煮る。

3 材料がやわらかくなったら、ブロッコリーを加えて火が通るまで加熱する。

が免疫力を強化する

●**酢**
クエン酸を含む

【作り方】

1 鮭、ほうれん草、しいたけ、セロリ、ニンジンは食べやすい大きさに切る。豆腐とコーンはフードプロセッサーでペーストにする。

2 鍋に鮭、オートミール、しいたけ、セロリ、ニンジンを入れ、材料がかぶるくらいの水を加え沸騰させる。

3 沸騰したらペーストにしたコーンと豆腐を加え、全体に火を通す。最後にほうれん草と酢をひとたらし入れたら沸騰させて出来上がり。

調理POINT

「食物繊維を豊富に含むきのこ、野菜でおなかスッキリ！エネルギー源にも繊維を含むオートミール、とうもろこしを使用。」

たんぱく質の吸収を助けるムチンを含む

●**くるみ**
ビタミンE源

【作り方】

1 イワシ、レタス、トマト、きゅうり、おくら、くるみは食べやすい大きさに切る。しょうがはすりおろす。

2 イワシはしょうがを混ぜ合わせ、鍋でそぼろ状になるまで火を通す。

3 炊き上がったごはんにイワシと切った野菜を混ぜ合わせる。

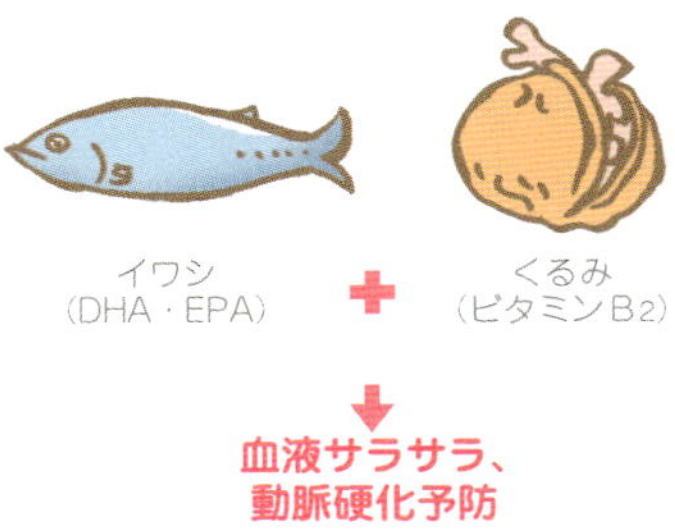

白内障

目の瞳孔奥が白くなってきたら要注意です

目の水晶体の一部もしくは全部が白く濁り、悪化すると失明する可能性も。早期発見、早期治療が大切です。

症状

水晶体が白く濁るため視力が低下し、歩き方が不安定になったり、家具などにぶつかるようになります。症状が悪化すると、水晶体が破壊されることも。

原因

白内障には3種類あり、遺伝的奇形による先天性の白内障、生活環境の影響を強く受ける若年性白内障、加齢による老年性白内障です。その他に糖尿病、外傷、中毒などが原因となることも。

白内障で積極的に摂りたい栄養素 Best5

1 ビタミンC
活性酸素の除去

含まれる食材 ----- **大根、ブロッコリー、カリフラワー、かぼちゃ、小松菜、さつまいも、ピーマン、パセリ、かぶ**

2 ビタミンE
抗酸化作用、老化防止

含まれる食材 ----- **クルミ、植物油、大豆、カツオ、春菊、ごま**

3 アスタキサンチン
目の病気の改善

含まれる食材 ----- **鮭、さくらえび、いくら**

4 DHA
炎症を抑え、免疫力を保つ

含まれる食材 ----- **イワシ、サバ、アジ、マグロ、ブリ、鮭、さくらえび、サンマ**

5 ビタミンA、β-カロテン
目の健康を守る

含まれる食材 ----- **レバー（牛、豚、鶏）、卵黄、ほうれん草、小松菜、ニンジン、かぼちゃ**

目の健康を保つのはビタミンA

鶏肉の具だくさんスープごはん

調理POINT

「目のビタミンと言われるビタミンA。脂溶性なので植物油とあわせて摂取する。動物性のたんぱく質+緑黄色野菜の組み合わせを心がければビタミンAは摂取可能。」

【材料】

- ●**鶏ささみ**
  ビタミンAを含むたんぱく源
- ●**ごはん**
  エネルギー源
- ●**ニンジン**
  β-カロテンとビタミンCが免疫力を高めて感染症予防に
- ●**チンゲン菜**
  β-カロテンを含む。油で炒めると良い
- ●**アスパラガス**
  β-カロテン、ビタミンCを含む。葉酸が細胞の正常な生成を行う
- ●**かぶ**
  ビタミンCが豊富。消化酵素ジアスターゼを含む
- ●**ごま油**
  エネルギー源
- ●**味噌**
  発酵食品。イソフラボンを含んでいる
- ●**さくらえび**
  カルシウム、アスタキサンチンを豊富に含む

【作り方】

1 鶏肉、ニンジン、チンゲン菜、アスパラは食べやすい大きさに切る。かぶはすりおろす。

2 鍋にごま油を熱し、鶏肉、さくらえび、ニンジンを加えて炒める。アスパラ、チンゲン菜とごはん、小さじ1のみそを鍋に加え、ひたひたの水を加えて材料がやわらかくなるまで煮る。

3 火が通ったら、すりおろしたかぶを加えて混ぜ合わせる。

● 1群／穀類グループ　● 2群／肉、魚、卵、乳製品グループ
● 3群／野菜、海藻グループ　● α／油脂グループ　● α／風味付けグループ

抗酸化物質で活性酸素除去

豆乳玄米おじや

調理POINT

「ビタミンC、Eとβ-カロテンなどの抗酸化物質を含む食材を使用。脂溶性ビタミンを効率よく摂取するために植物油と組み合わせ炒めた後に煮る。」

【材料】

- **卵** マンガンを含み、抗酸化にはたらく
- **パルメザンチーズ** カルシウム源。嗜好性向上
- **玄米ごはん** セレンを含み、抗酸化作用あり
- **豆乳** 吸収しやすい植物性たんぱく質。イソフラボンを含む
- **かぼちゃ** β-カロテンを含み、免疫力を強化
- **ブロッコリー** ビタミンCを豊富に含む

目に必要なビタミンCを摂取

鮭とほうれん草のスープパスタ

【材料】

- **鮭** アスタキサンチンを含み、抗酸化作用アリ
- **マカロニ** エネルギー源
- **カリフラワー** ビタミンCを豊富に含む
- **パプリカ** ビタミンCとPをあわせ持つ、損失しにくいビタミンC源
- **パセリ** β-カロテン、ビタミンCを含む
- **ほうれん草** ビタミンCを含む、ビタミンミネラル豊富な元気の源。活性酸素を除去
- **コーン** 食物繊維を含む、エネルギー源
- **オリーブオイル** エネルギー源

血行促進、老化防止

アジとレタスのチャーハン

調理POINT

「老化防止のためにDHAを含む旬の青魚を使用。ビタミンA、C、Eで血管を強化し、抗酸化作用でサビないからだ作りを行う。」

【材料】

- **アジ** DHAの働きで老化をふせぐ
- **玄米ごはん** ビタミンEを含み、細胞の老化防止
- **レタス** ビタミンUが胃腸の粘膜保護
- **ニンジン** β-カロテンとビタミンCが免疫力を高めて感染症予防に
- **小松菜** 抗酸化ビタミンを豊富に含む
- **パプリカ**

白内障

●**オリーブオイル**
エネルギー源
●**さくらえび**
カルシウム、アスタキサンチンを豊富に含む
●**黒ごま**
アントシアニンを含む。ビタミンE源

【作り方】
1 かぼちゃ、ブロッコリーを食べやすい大きさに切る。
2 鍋に玄米、かぼちゃ、さくらえびを入れ水をかぶるくらい入れ沸騰させる。沸騰したら豆乳、ブロッコリーを加え火が通るまで煮る。
3 最後に溶き卵をまわし入れ、火を通し皿に盛りつける。上から黒ゴマ、パルメザンチーズと小さじ1のオリーブオイルをトッピングする。

ブロッコリー（ビタミンC）
＋

かぼちゃ（β―カロテン、ビタミンE）
↓
活性酸素除去

【作り方】
1 鮭、カリフラワー、パプリカ、ほうれん草は食べやすい大きさに切り、コーンとパセリはフードプロセッサーでペーストにする。マカロニ、ほうれん草は下茹でする。
2 鍋にオリーブオイルを熱し、鮭を炒める。
3 他の材料と、水100ccを加えたら材料がやわらかくなるまで煮る。

カリフラワー（ビタミンC）
＋

とうもろこし（食物繊維）
↓
免疫力強化

調理POINT
「体内で最も多くビタミンCを含む目。野菜たっぷりのスープでビタミンCを摂取。水溶性で過剰摂取の心配はないので、毎食のごはんでの摂取を心がけるように!!」

ビタミンCとPをあわせ持つ、損失しにくいビタミンC源
●**ごま油**
エネルギー源
●**さくらえび**
カルシウム、アスタキサンチンを豊富に含む
●**すりごま**
ビタミンE源

【作り方】
1 アジ、レタス、ニンジン、小松菜、パプリカは食べやすい大きさに切る。
2 鍋にごま油を熱し、アジを入れ火を通す。ごはんとニンジン、小松菜、パプリカ、すりごま、さくらえびを加えたらさらに炒め合わせる。
3 最後にレタスを加えて全体に火が通ったら出来上がり。

アジ（DHA・EPA）
＋

パプリカ（β―カロテン、ビタミンC、E）
↓
老化防止

● 1群／穀類グループ　● 2群／肉、魚、卵、乳製品グループ
● 3群／野菜、海藻グループ　● α／油脂グループ　● α／風味付けグループ

外耳炎

耳をしきりにかゆがるなら要注意です

耳の穴の感染症ですが、刺激の少ない洗浄と、適切な食事による体力アップが改善のカギです。

症状

ワックス状だったり、水っぽい耳あかが、耳の穴にたまります。何度ふいても元に戻ります。しきりに耳を掻く仕草が目安となります。

原因

細菌やカビなどの病原体感染が主たる原因と考えられていますが、多くは常在菌で、むしろ問題は「常在菌に感染・発症するほど抵抗力が弱っている」ことに本質があります。生理食塩水などで洗浄し、耳を清潔に！

外耳炎で積極的に摂りたい栄養素 Best5

1 ビタミンC
コラーゲンの生成、皮膚や血管を守る

含まれる食材 ----- **大根、ブロッコリー、カリフラワー、かぼちゃ、小松菜、さつまいも、ピーマン、パセリ、トマト、ニンジン、パプリカ**

2 ビタミンA、β-カロテン
皮膚の健康維持

含まれる食材 ----- **レバー（牛、豚、鶏）、卵黄、ほうれん草、小松菜、ニンジン、かぼちゃ**

3 EPA
アレルギーの予防

含まれる食材 ----- **イワシ、サンマ、サバ、さくらえび、ちりめんじゃこ、煮干し**

4 レシチン
細胞膜を構成する

含まれる食材 ----- **大豆、卵黄**

5 α-リノレン酸
EPAの働きをサポート

含まれる食材 ----- **亜麻仁油、しそ油、えごま油、グレープシード油、キャノーラ油、くるみ**

炎症を抑えて、皮膚の状態を改善する

サバのしょうが風味おじや

調理POINT

「ハトムギには、新陳代謝の促進、体内の水分の流れの改善、鎮痛消炎効果があります。白米に2割程度混ぜて、消化しやすいよう、やわらかく煮込むのがコツ。」

【材料】

- ●**サバ**
  EPA、DHAを豊富に含むたんぱく源
- ●**ハトムギごはん**
  消炎、鎮痛、利尿効果あり
- ●**ゆで大豆**
  大豆サポニンを含む植物性のたんぱく質
- ●**トマト**
  消炎作用あり。抗酸化物質リコピン
- ●**レタス**
  ビタミンUが胃腸の粘膜を保護
- ●**小松菜**
  アクが少なく万能な緑黄色野菜。はとむぎとの組み合わせが有効
- ●**かぼちゃ**
  ビタミンCを含み、免疫力を強化
- ●**しょうが**
  抗菌作用アリ
- ●**キャノーラ油**
  エネルギー源。EPAのサポート

【作り方】

1 白米にハトムギを2割程混ぜて炊いておく。
　サバ、トマト、レタス、小松菜、かぼちゃ、大豆は食べやすい大きさに切る。しょうがはすりおろす。

2 鍋でサバとしょうがを炒める。ハトムギごはん、大豆、小松菜、かぼちゃを加えて、具材がかぶる程度の水を入れて煮る。

3 火が通ったらレタスとトマト、キャノーラ油を加えて全体を混ぜる。

1

2

3

● 1群／穀類グループ　● 2群／肉、魚、卵、乳製品グループ
● 3群／野菜、海藻グループ　● α／油脂グループ　● α／風味付けグループ

利尿作用で排泄能力UP

野菜と納豆のうどん

調理POINT

「利尿作用のある食材と食物繊維豊富な野菜を組みあわせる。青魚に含まれるEPAにアレルギー予防作用があるため、旬の魚を使用するとよい。α-リノレン酸でEPAの働きをサポート。」

【材料】

- **イワシ** EPAで血行促進
- **卵** レシチンを含み細胞膜生成
- **うどん** エネルギー源
- **えのき** 食物繊維豊富で低カロリー
- **ごぼう** 食物繊維豊富。解毒作用あり
- **ニンジン**

細菌対策　抵抗力をつける

タンドリーチキンピラフ

【材料】

- **鶏ムネ肉** ビタミンAを含むたんぱく源
- **ヨーグルト** 皮膚の健康を保つビタミンB_2とビオチンを含む
- **麦ごはん** 解毒作用あり
- **ほうれん草** β-カロテンを含む緑黄色野菜
- **パプリカ** ビタミンCとPをあわせ持つ、損失しにくいビタミンC源
- **くるみ** ビタミンEを含む
- **ゆで大豆** レシチンを含み、細胞膜構成
- **いんげん** ビタミンを含み、抗菌解毒作用あり
- **うこん(ターメリック)** 肝機能の強化。炎症を抑える

老廃物を水分たっぷりごはんで排出しよう

アサリのスープごはん

調理POINT

「老廃物を尿中から排出するために、水分たっぷりを心がける。嗜好性をあげるため、だしのでる食材をプラスするとよい。」

【材料】

- **卵** アミノ酸バランスの優れたたんぱく源
- **雑穀ごはん** ビタミン、ミネラルを含むエネルギー源
- **ブロッコリー** ビタミンCを豊富に含む
- **ニンジン** β-カロテンとビタミンCが免疫力を高めて感染症予防に
- **刻みのり** 不足しがちなミネラル源

β-カロテンとビタミンCが免疫力を高めて感染症予防に

●**納豆**
ナットーキナーゼで血液さらさら

●**小松菜**
β-カロテンが豊富

●**キャノーラ油**
EPAのはたらきをサポート

【作り方】

1 イワシ、えのき、ごぼう、ニンジン、小松菜を食べやすい大きさに切る。

2 鍋でイワシを炒める。うどん、えのき、ごぼう、ニンジンと材料がかぶるくらいの水を入れ、材料がやわらかくなるまで煮る。

3 最後に小松菜と納豆、溶き卵を加え、全体を混ぜ合わせ、最後にキャノーラ油を加える。

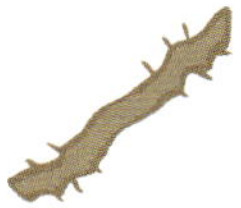

ごぼう（食物繊維）
＋

納豆（サポニン）
↓
利尿作用

●**さくらえび**
カルシウムを豊富に含み、嗜好性アップ

【作り方】

1 鶏肉、ほうれん草、パプリカ、いんげんを食べやすい大きさに切る。

2 鶏肉、ヨーグルト、うこんを混ぜ合わせる。白米に麦2割くらい混ぜ合わせてごはんを炊く。

3 鍋で鶏肉を焼き、麦ごはん、ほうれん草、大豆、くるみ、パプリカ、いんげん、さくらえびと水100ccを加え炒め合わせる。

ほうれん草（β-カロテン）
＋

パプリカ（ビタミンC）
↓
免疫力強化

調理POINT

「β-カロテン、ビタミンCを豊富に含む緑黄色野菜を使い、免疫力の強化。抗菌、解毒作用のあるアスパラガス、いんげん、麦を使って細菌から体を守る。」

●**キャノーラ油**
ビタミンE源のリノレン酸を含む

●**ちりめんじゃこ**
嗜好性の向上。カルシウム源

●**アサリ**
亜鉛を含み、皮膚の健康を保つ

【作り方】

1 ブロッコリー、ニンジンは食べやすい大きさに切る。

2 鍋にアサリを入れ、ひたひたの水を入れてだしをとる。アサリの身は細かく刻む。

3 だしにちりめんじゃこ、ごはん、ニンジンを加え煮る。沸騰したらブロッコリーを加え、火が通ったら溶き卵を流しいれ、最後にキャノーラ油を加え、のりをちらす。

アサリ（亜鉛）
＋

ニンジン（β－カロテン）
↓
皮膚の健康を保つ

● 1群／穀類グループ　● 2群／肉、魚、卵、乳製品グループ
● 3群／野菜、海藻グループ　● α／油脂グループ　● α／風味付けグループ

犬の皮膚病だけでなく、人間にも被害あり

ノミ・ダニ・外部寄生虫

ノミやダニそのものによる被害は少なくても、それらが重い病気の原因となる病原体を運んでくることもあります。

症状

ノミ：脱毛や赤い発疹、ひどいかゆみ。ダニ：脱毛、かゆみ、かたく固まったフケ、ふけが固まってできた厚いカサブタ、激しいかゆみのある発疹、ダニによっては刺された痛みにより歩き方が不自然になることも。

原因

ノミ、ダニなどが体表に付着・寄生することが原因です。健康な子は影響が少なく、体調不良な子は影響が大きくなる傾向があります。

ノミ、ダニ、外部寄生虫で積極的に摂りたい栄養素 Best5

1 サポニン
老廃物の排泄を促す

含まれる食材 ----- **大豆、高野豆腐、納豆、みそ、おから、油揚げ、豆乳、小豆**

2 ビオチン
皮膚炎の予防

含まれる食材 ----- **レバー（牛、豚、鶏）、いわし、卵、ナッツ、きな粉、カリフラワー**

3 ビタミンA、β-カロテン
皮膚の健康維持

含まれる食材 ----- **レバー（牛、豚、鶏）、卵黄、ほうれん草、小松菜、ニンジン、かぼちゃ、春菊**

4 イヌリン
老廃物の排泄を促す

含まれる食材 ----- **ごぼう、チコリ、にんにく**

5 イオウ
有害ミネラルの排出

含まれる食材 ----- **大根、にんにく、卵、大豆、マグロ赤身、ブリ、鶏胸肉、ササミ、牛モモ肉、豚モモ肉**

免疫力強化で皮膚の健康を保つ

鶏ときのこのぞうすい

調理POINT

「ビタミンA、ヨウ素、亜鉛、ビオチンを含む食材を使って皮膚の健康を維持。老廃物を排出して虫を寄せない！免疫力強化で虫にさされてもへっちゃらな体をつくる。水分たっぷり、植物油を加えてビタミンAの吸収率UP」

【材料】

● **鶏むね肉**
ビタミンAを含むたんぱく源

● **鶏レバー**
ビタミンAの宝庫。ビオチン、亜鉛を含む

● **雑穀ごはん**
ビタミン、ミネラルを含むエネルギー源

● **しいたけ**
βｰグルカンで免疫力強化

● **油揚げ**
サポニンを含む

● **わかめ**
ヨウ素を含み、皮膚の健康を維持

● **ニンジン**
βｰカロテンとビタミンCが免疫力を高めて感染症予防に

● **ごぼう**
イヌリン、食物繊維で解毒

● **オリーブオイル**
エネルギー源

【作り方】

1 鶏肉、レバー、しいたけ、油揚げ、わかめ、ニンジン、ごぼうを食べやすい大きさに切る。

2 鍋にオリーブオイルを熱し、鶏肉とレバーを白っぽくなるまで炒める。ごはん、しいたけ、ごぼう、油揚げ、ニンジンと具材がかぶる程度の水を入れたら煮る。

3 材料がやわらかくなったら、わかめを加えて混ぜ合わせる。

1

2

3

● 1群／穀類グループ　● 2群／肉、魚、卵、乳製品グループ
● 3群／野菜、海藻グループ　● α／油脂グループ　● α／風味付けグループ

老廃物除去　虫を寄せない体つくり

根菜たっぷりごはん

調理POINT

「利尿、解毒作用のある食材を使用、水分の多いごはんで排泄を促す。水分が多いと苦手な子にはとろみをつけて、旨み成分の多いだしを使うと嗜好性UP」

【材料】

- **マグロ**
  イオウを含むたんぱく源
- **アサリ**
  亜鉛を含み、皮膚の健康を保つ
- **麦ごはん**
  ビタミン、ミネラルを含むエネルギー源。解毒作用アリ
- **大豆**
  大豆サポニンが利尿を促す
- **ニンジン**
  β-カロテンとビタミンCが免疫

皮膚の生成をサポート

豆乳味噌おじや

【材料】

- **ブリ**
  EPA、DHAを含むたんぱく源。血行促進
- **ハトムギごはん**
  炎症を抑える
- **しょうが**
  ショウガオールが抗菌作用
- **春菊**
  β-カロテンの宝庫。免疫力を強化する
- **カリフラワー**
  ビタミンC、ビオチンを含み、皮膚炎予防
- **かぼちゃ**
  β-カロテンを含む。免疫力強化
- **豆乳**
  植物性たんぱく質。大豆イソフラボンを含む
- **ごぼう**
  イヌリンを含み老廃物を排出
- **味噌**
  大豆サポニンを含み、利尿作用アリ

虫よけ　ノミ・ダニを寄せ付けない

彩りチンジャオロース丼

調理POINT

「にんにくの香りに虫よけ効果あり。摂取量が多いと貧血を起こす可能性があるので、大量に使用しない。1日1片（10kgの犬の場合）が目安。」

【材料】

- **牛モモ肉**
  ビタミンB_6がアレルギーを軽減
- **ごはん**
  エネルギー源
- **パプリカ**
  ビタミンCを含み、免疫力を強化する
- **にんにく**
  イオウを含む
- **ブロッコリー**
  ビタミンCを豊富に含む
- **アーモンドスライス**
  ビタミンE源

力を高めて感染症予防に

●**ごぼう**
イヌリン、食物繊維で解毒

●**大根**
イオウを含む

●**いんげん**
ビタミンが豊富。解毒作用アリ

●**きな粉**
ビオチンを含み皮膚炎予防

【作り方】

1 マグロ、大豆、ごぼう、ニンジン、大根、いんげんは食べやすい大きさに切る。

2 鍋にマグロ、大豆、ごぼう、ニンジン、大根とごはんを入れ、材料がかぶるくらいの水を入れて煮る。

3 火が通ったらいんげんときな粉を加えて沸騰させる。

アサリ（亜鉛）

＋

きなこ（ビオチン）

↓

皮膚の健康維持

【作り方】

1 ブリ、春菊、カリフラワー、ごぼう、かぼちゃは食べやすい大きさに切る。しょうがはすりおろす。

2 鍋にブリとしょうがを入れ表面を焼く。ごはん、みそ小さじ1、カリフラワー、ごぼう、かぼちゃ、豆乳と材料がかぶるくらいの水を入れ、やわらかくなるまで煮る。

3 最後に春菊をいれ、全体をかきまぜる。

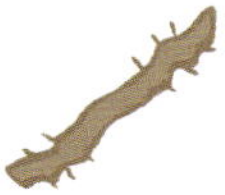
ごぼう（イヌリン）

＋

味噌（サポニン）

↓

老廃物の排出

調理POINT

「皮膚の健康を保つには、不要なものを体外へ！サポニンの力で利尿。皮膚の炎症を抑え、健康な状態を保つ。ハトムギはかたいのでやわらかく煮込んで使用がおすすめ。」

●**小豆（ゆで小豆）**
サポニンを含み、老廃物の排出を促す

●**ニンジン**
β-カロテンを含む。免疫力強化

●**ごま油**
ビタミンE源

【作り方】

1 牛肉、パプリカ、ブロッコリー、ニンジンは食べやすい大きさに切る。にんにくはすりおろす。

2 鍋にごま油を熱し、にんにく、小豆、牛肉を加え火を通す。

3 牛肉に火が通ったら、パプリカ、ブロッコリー、アーモンド、ニンジンを加え火を通す。炊いたごはんと炒めた牛肉と野菜を混ぜ合わせる。

にんにく（アリシン）

＋

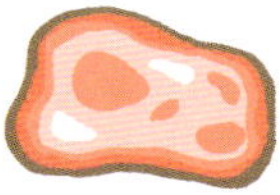
牛モモ（ビタミンB6）

↓

虫除け

● 1群／穀類グループ　● 2群／肉、魚、卵、乳製品グループ
● 3群／野菜、海藻グループ　● α／油脂グループ　● α／風味付けグループ

困ったときの豆知識

大変な病気ってわけじゃないけど、
夏バテ気味のときのごはんって気になります。
早く元気になるためのポイントをお教えしましょう。

夏バテ気味の時のごはん

夏バテ解消Best5栄養素

1 たんぱく質 丈夫な体を作り、抵抗力を強化

含まれる食材 -------- 鶏肉、卵、牛肉、豚肉、イワシ、アジ、タラ、マグロ、鮭、豆乳、豆腐、大豆、乳製品

2 糖質 エネルギー補給、疲労回復

含まれる食材 -------- 白米、玄米、ハトムギ、うどん、そば、小麦、さつまいも、果物、果汁を与えるのも効果的

3 ビタミンB_1 糖質の代謝促進、疲労回復効果があり活力源

含まれる食材 -------- 豚肉、鶏レバー、鮭、イワシ、玄米、大豆、納豆、豆腐、いんげん、ほうれん草

4 ビタミンC ストレスへの抵抗力、食欲増進

含まれる食材 -------- ブロッコリー、カリフラワー、ピーマン、トマト、かぼちゃ、ほうれん草、果物

5 アスパラギン酸 乳酸を分解、新陳代謝の促進、体力UP

含まれる食材 -------- アスパラガス、大豆、高野豆腐、ちりめんじゃこ、鰹節

調理POINT

「体力を回復するためには食べること！犬の好きなだしの風味や乳製品などで嗜好性の向上をはかる。夏に旬をむかえる食材は、生で食べると体の中からクールダウンできるので、トマトやきゅうりなど生でトッピングするのもよいでしょう。」

PART3

手作りごはんで病気が治った!!
実例レシピ26連発

こんなに元気になりました

口内炎・歯周病

＊名前＊
竹中サトル

＊性別＊
オス

＊犬種＊
ゴールデン・レトリーバー

＊年齢＊
5歳

改善するまでの体調の変化

びっくりしたのが、ドライフードとお水だけの生活から手作り食の生活に変わって、たった二日ぐらいで皮膚の感じが変わったことです。恐らく脱水していたのだと思います。始めて二週間目ぐらいは口臭と体臭がきつかったのですが、一ヶ月目でほとんど気にならなくなり、食欲が出てきました。そして三ヶ月でもとの元気なサトルに戻りました。特に、イワシなどの青魚を喜んで食べてくれました。

治った！元気になった！

実例レシピ1

豚肉と納豆のおじや

調理POINT

「口腔内の粘膜強化のため、ビタミンA（β-カロテン）を効率よく摂取できるよう、1度油で炒めてから煮込むとさらに良い。季節の緑黄色野菜でβ-カロテンの摂取を心がけたい。たとえば春…グリーンピース　夏…かぼちゃ　秋…チンゲン菜　冬…ブロッコリーなどです。」

【材料】

●**ひき肉**（豚肉）
細胞の再生を促すビタミンB_1とビタミンB_2を豊富に含むため、治癒を促進。また治癒促進をサポートするナイアシンも含む。食べにくそうな場合は卵を使うと良い

●**ごはん**
体力をつけるためにも必要なエネルギー源

●**納豆**
大豆製品は、細胞の再生を促し、粘膜を保護するビタミンB_2を豊富に含む。消化も良くたんぱく源として有益

●**小松菜**
ビタミンを豊富に含む野菜。細菌感染を防いで粘膜を強化するβ-カロテン、免疫力を強化するビタミンCを含んでいる

●**にんじん**

ごはん作りで心がけたこと

硬いものや塊があるものは食べられないので、フードプロセッサーでドロドロにしました。そして、スポーツドリンクのスクイズボトル（ストローが太い）で、口に入れました。流動食は嫌がっていましたが、手作り食は痛がりながらも喜んで食べていました。

緑黄色野菜の代表。β-カロテンの宝庫と呼ばれる野菜で、皮膚や粘膜の強化に働く

●ゴボウ

口内炎には葉と根を煎じてウガイすると良いと言われている。豊富な食物繊維で腸内の老廃物を排出。胃腸の健康がお口を健康にする可能性も

●キャベツ

胃腸の健康を守るビタミンU、緑色の濃い葉の部分にビタミンCを豊富に含むことから、免疫力の強化が望める。細かく切った後にあまり長時間水に漬けないほうが良い

●煎りごま

オメガ3脂肪酸を含み、炎症を抑える効果がある。粒ごまは消化されずに体外へ排出されるため、ごま油や練りごま、すりごまにして与えると良い

●サプリメント

マルチビタミン、ミネラルサプリメント

【作り方】

1 みじん切りにした野菜、ごはん、煎りごまを鍋に入れ、具材がかぶる程度の水を加えて、野菜がやわらかくなるまで煮る。

2 **1**が冷めたら、納豆とサプリメントを加えて混ぜ合わせ、完成。

マルチビタミン・ミネラルサプリメントって何？

メーカーによって異なるが、以下のような成分が含まれる場合が多い。
β−カロテン、ビタミンC、ビタミンD、ビタミンE、ビタミンB_1、ビタミンB_2、ビタミンB_6、ビタミンB_{12}、ナイアシン、葉酸、ビオチン、カルシウム、鉄、ヨード、マグネシウム、ナトリウム、亜鉛、銅など

食材に置き換えると

●β-カロテン
粘膜の強化／人参、小松菜、かぼちゃなどの緑黄色野菜

●ビタミンC
免疫力の強化／大根、キャベツ、果物

●ビタミンB_1
細胞の再生を促す／豚肉、大豆製品

●ビタミンB_2
細胞の再生を促す／乳製品、緑黄色野菜、大豆製品、卵黄

●ビタミンB_6
免疫力の強化／イワシ、カツオ、バナナ

●ビタミンB_{12}
葉酸の働きをサポート／イワシ、サバ、鮭、卵、納豆

●ナイアシン
血行を促進することで治癒を促進／ピーナッツ、舞茸、サバ

●ビタミンE
感染症への抵抗力をつける／植物油、ごま

●葉酸
細胞の正常な働きをサポートする／ほうれん草、ブロッコリー、大豆、レバー

こんなに元気になりました

口内炎・歯周病

＊名前＊
金田リコ

＊性別＊
メス

＊犬種＊
ポメラニアン

＊年齢＊
10歳

改善するまでの体調の変化

とにかく口臭がひどく、リコにはかわいそうですがドブの様な臭いでした。糸を引くよだれも気になり、家に誰かが来れば、その臭いを指摘されるほどでした。動物病院に連れて行ったら歯周病と診断されて、血液検査をすると肝臓や腎臓の数値が高く、慢性の肝臓病と腎臓病だと言われていました。困っていると、待合室で知り合った方に手作り食と口内ケアのことを教わりました。そして手作り食を始めてから、まずすぐに変わったのが口臭でした。たった4、5日で手作り食を始める前と比べものにならない程、口臭がなくなりました。

また、それまでは寝ていることが多かったのですが、元気になった様で、おもちゃで遊ぶようにもなりました。そしてうれしかったのが、半年で歯周病が改善したことです。リコがうちに来てからずっと口臭で悩んでいたので、これから第二の犬生（？）を楽しんでもらおうと思います。

ごはんづくりで心がけたこと

食べものはやわらかく（症状が落ち着くまで）、歯磨きは念入りに行い、口内除菌と、歯磨き後に乳酸菌を口の中に入れることに取り組みました。食べられないときは、ムリに食べさせようとせず、飲み物で栄養が摂れるようにしました。お互いに辛かったのですが、リコは改善が早かったらしく、順調に改善してくれました。食事にこんなにパワーがあるとは知らず、これからも続けたいです。

治った！
元気になった！

実例レシピ2

鶏と緑黄色野菜のおじゃ

調理POINT

「煮込んで作るおじやならば、ビタミンAを摂取しやすいようにレバーを加える。片栗粉をくず粉に変えることで胃腸の粘膜を保護してくれる。免疫力を強化するビタミンCを豊富に含むブロッコリーの代わりに、大根やキャベツのすりおろしをトッピングするのも1つの方法。」

【材料】

●**ひき肉（鶏ひき肉、鶏レバー）**
細胞の再生を促すビタミンB_1を豊富に含むため、治癒を促進。レバーを加えるとビタミンAを効率よく摂取出来て、粘膜の保護に働く

●**玄米**
ビタミンB_1などのビタミン、ミネラルを豊富に含む玄米をやわらかく煮込んで使用するとよい

●**ブロッコリー**
ビタミンC、β―カロテンを豊富に含む緑黄色野菜。ビタミンCは免疫力強化、β―カロテンは粘膜の保護の効果がある。夏ならばピーマン（パプリカ）がオススメ

●**ニンジン**
緑黄色野菜の代表。β―カロテンの宝庫と呼ばれる野菜で、皮膚や粘膜の強化に働く。1年を通して使いやすい野菜

●**キャベツ**
胃腸の健康を守るビタミンU、緑色の濃い葉の部分にビタミンCを豊富に含むことから、免疫力の強化が望める。細かく切った後、長時間水に漬けないこと

●**片栗粉**
とろみをつけて食べやすくする。片栗粉でもよいが、くず粉を使って胃腸の粘膜を保護し、腸内の健康を促進することで口の健康にも作用する

【作り方】

1 みじんぎりにした野菜、肉を鍋に入れ、具材がかぶる程度を水を加えて野菜がやわらかくなるまで煮込み、水溶き片栗粉を入れてかき混ぜ、とろみをつける。
2 器にごはんを盛りつけ、1をかけて完成

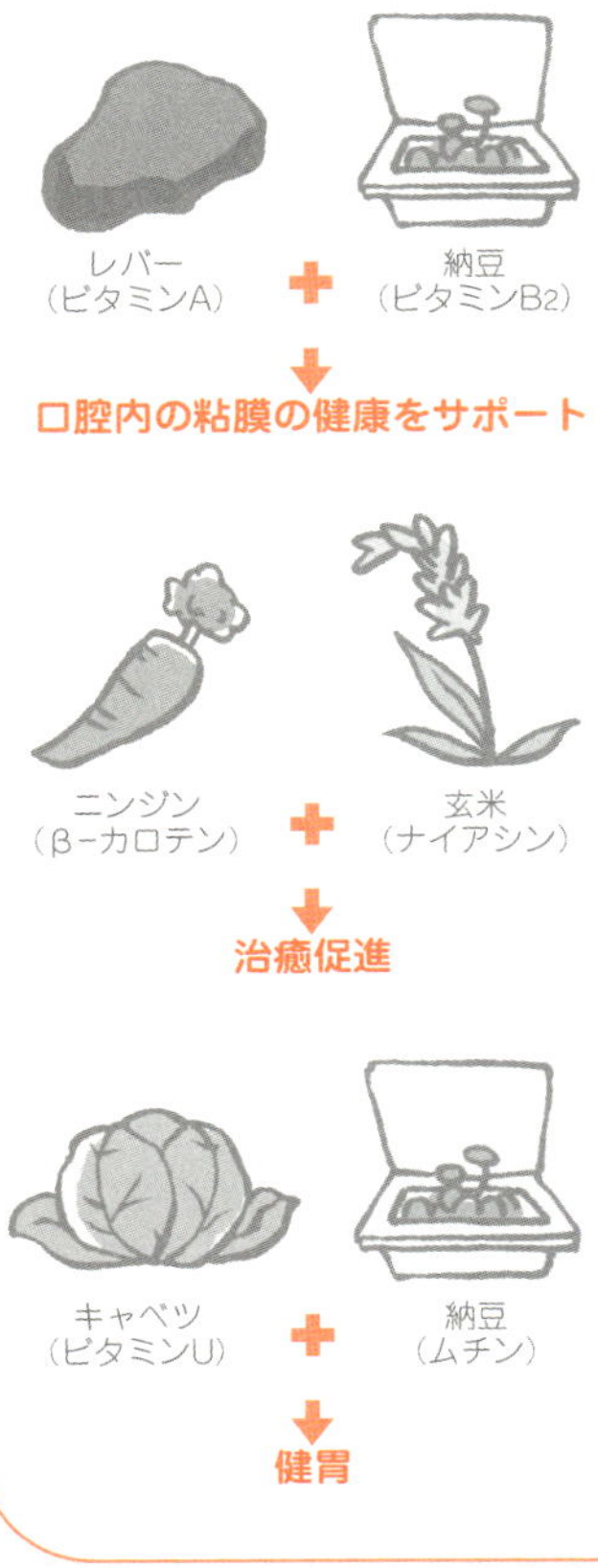

こんなに元気になりました

細菌・ウイルス・真菌感染症

＊名前＊ 上野ケンタ
＊性別＊ オス
＊犬種＊ ビーグル
＊年齢＊ 4歳

改善するまでの体調の変化

　原因不明の体調不良（外耳炎・皮膚のかゆみ・咳・下痢・嘔吐等）が続き、獣医さんにも「原因がわからないので様子を観ましょう」と言われました。何か方法はないかと探している中で、手作り食を知り、始めました。

　まず最初に変わったのが、口臭と体臭でした。「犬の口臭・体臭はこんなものだ」と思っていて、気にもしていなかったのですが、手作り食に移行して2日目で変化が出て、驚きました。

　そして、下痢と嘔吐が二週間程度で無くなり、ケンタも家族もずいぶん楽になりました。ただ、そこからが少々長くかかり、外耳炎が改善するのに二ヶ月程度、かゆみと咳は4ヶ月で改善しました。

　手作り食だけで改善したかどうかはわかりませんが、フードの頃は何となく辛そうで、だるそうでしたが、手作り食にしてからは目つきがキラキラと変わりましたし、なによりも、私が食事を作っていると、台所に来て楽しみにしているようで、ちょこんと座って待ってくれているのがうれしくて、作り甲斐があります。

ごはんづくりで心がけたこと

　あまり細かく計算する必要はありませんが、ササミだけという様な単品食にならないこと、たっぷりのスープを与えることを心掛けました。粘膜強化が感染症予防に有効ときき、β-カロテンやビタミンCを含む食材を積極的に摂りました。

治った！元気になった！

実例レシピ3

鮭の具だくさんおじや

調理POINT

「鮭はDHA、EPAを含み、好まれやすい魚でオススメ食材ですが、より豊富なDHAやEPAを摂取したい場合は、青魚を使用してください。ごぼう、しいたけ、ひじきは食物繊維を豊富に含み、体内の老廃物を排出させる作用があります。消化しにくいかな？　と心配ならば粉末にするか、細かく切って使用して下さい。」

【材料】

●鮭
EPA、DHAは免疫力を良好に保ちつつ、炎症抑制、感染症予防効果がある。魚が苦手な子はオメガ3脂肪酸を含む、ごまやくるみ、亜麻仁油などで代用可

●ごはん
病気を治療するためにはまず体力。体力をつけるためのエネルギー源

●さつまいも
ビタミンCで免疫力を強化。甘みがあるので好まれやすく、でんぷんを豊富に含むためビタミンCが水へ流失しづらい。じゃがいもでも可

●ごぼう
豊富な食物繊維で整腸作用が活発化、体外へ老廃物を排出。食物繊維の中でもリグニンという成分が解毒作用を持っている

●ニンジン
緑黄色野菜の代表。β-カロテンの宝庫と呼ばれる野菜で、皮膚や粘膜の強化に働く。1年を通して使いやすい野菜

●大根
ビタミンCを含み、免疫力を強化。食べたものの消化を促進したいときは、消化酵素ジアスターゼが役立つ。ただし熱に弱いので生で与える

●しいたけ
きのこに含まれるβ-グルカンで、免疫力を活性化。皮膚や粘膜の健康をサポートするビタミンB_2も含む。生しいたけもよいが、保存性や栄養面から見ると干ししいたけがオススメ

●乾燥ヒジキ
食物繊維が老廃物を体外へ排出。マグネシウムや亜鉛などの消耗しやすいミネラルを豊富に含み、きのこ類と一緒に摂取して免疫力の強化を促進

●ごま油
オメガ3脂肪酸を含むため、免疫力を保ちながら、炎症を抑える。ビタミンEで感染症への抵抗力を高め、抗酸化作用もある。えごま油や亜麻仁油でも可。ごま油の香りが苦手な子は太白ごま油を使用するとよいでしょう（透明なごま油）

【作り方】

1 ごぼうはすりおろし、ひじきはキッチンバサミで細かく切る。
2 野菜はみじん切りにし、鮭は一口大に切る。
3 鍋に**1**と**2**を入れて、具材がかぶる程度の水を加え、野菜が柔らかくなるまで煮込む。
4 **3**にごはんを加えてひと煮立ちさせたら火を止め、ごま油少量をまわし入れて完成。

こんなに元気になりました

細菌・ウイルス・真菌感染症

＊名前＊ 鎌田ジョセフィーヌ
＊性別＊ メス
＊犬種＊ ブルドック
＊年齢＊ 6歳

改善するまでの体調の変化

体中に湿疹が出たり、口臭、体臭がきつく、下痢、嘔吐、オリモノが出るという、大変な状況でした。食事を変えてまず変わったのが、口臭と嘔吐が一週間程度で無くなったことでした。オシッコの臭いも手作り食開始直後からきつくなり、五日後には消えました。また、体臭は一度きつくなったのですが、一ヶ月程度で無くなりました。下痢とオリモノがなかなか治りませんでしたが、二ヶ月半くらい経った頃、突然出なくなりました。一時はどうなることかと思うほどの体調不良でしたが、元気になってよかったです。

ごはんづくりで心がけたこと

仕事をしている関係上、あまり手の込んだことが出来なかったので、冷凍食品（ミックスベジタブル）や、ニボシの粉などを使いながらやりました。手作り食を始めた当初、野菜類がそのまま便に出てきて心配になりましたが、つぶしたり、フードプロセッサーにかけることで利用しやすくなるということを知り、実践しました。栄養価計算はした方が良かったのかもしれませんが、性格上長続きしないだろうと思い、また、フードの栄養基準はそのまま手作り食に当てはめても仕方ないと知り、あまり栄養素には神経質にならない様にしました。おいしく食べて元気ならばそれで良いと思っています。うちの母は「昔のやり方はやっぱり良かったのね」と言っていますが、効果があって良かったです。

治った！元気になった！

実例レシピ4

タラのスープごはん

調理POINT

「冷凍野菜を使用するのも、手軽に手作りご飯を続けるコツ。季節の緑黄色野菜を加えるとβ-カロテンが摂取できてさらに効果UP。吸収率を高めるため、油で炒めて調理するのもおすすめ。低脂肪のタラ、食物繊維を含むごぼう、ビタミンB_1とB_2を含む煮干が使用されているため、ダイエット中にも最適。真菌対策に少量のにんにくを加えるのも有益。」

【材料】

●タラ

DHA、EPAを含む白身魚。免疫力を保ち、炎症を抑える。ダイエット中や高齢犬には、タラは低脂肪でおすすめ食材。DHAやEPAを強化したいならば、青魚を使うこと。感染症も予防する。タラは粘膜を強化するビタミンAも含む

●ごはん

体力をつけるためのエネルギー源

●ミックスベジタブル（コーン・グリーンピース・ニンジン）

ニンジンはβ-カロテンとビタミンCで粘膜と免疫力の強化を。グリーンピースはサポニンを含み、利尿作用、排泄促進で老廃物を体外へ排出。コーンは食物繊維で腸内をきれいに掃除してくれる

●ごぼう

豊富な食物繊維で整腸作用が活発化、体外へ老廃物を排出。食物繊維の中でもリグニンという成分が解毒作用を持っている

●キャベツ

胃腸の健康を守るビタミンU、緑色の濃い葉の部分にビタミンCを豊富に含むことから、免疫力の強化が望めます。細かく切った後にあまり長時間水に漬けないほうが良い

●しいたけ

きのこに含まれるβ-グルカンで、免疫力を活性化。皮膚や粘膜の健康をサポートするビタミンB_2も含む。生しいたけもよいが、保存性や栄養面から見ると干ししいたけがオススメ

●にぼし粉

DHA、EPAが、免疫力を保ち、炎症を抑える。ビタミンB_2も含み、皮膚や粘膜の健康をサポートする。糖質や脂質の代謝を助けるビタミンB_1とB_2を含むことからダイエット中にもおすすめ

●水溶き片栗粉

【作り方】

1 野菜をフードプロセッサーにかけペースト状にする。

2 鍋に**1**、ひと口大に切ったタラの身、にぼし粉を入れ、具材がかぶる程度の水を加えて野菜に火が通るまで煮込み、最後に水溶き片栗粉をくわえてとろみをつける。

3 器にごはんを盛り、**2**をかけて完成。

こんなに元気になりました

排泄不良（涙やけ）

＊名前＊
松田勇・愛

＊性別＊
オス・メス

＊犬種＊
チワワ・ロングコート

＊年齢＊
3才・9才

改善するまでの体調の変化

ひと目でわかる程に〝勇〟は、涙やけがあったのですが、半年位でキレイになりました。

〝愛〟は、7才位の時に「タンパク喪失性胃腸炎 ※」という病気になり、色々なドライフードなどを試しましたが、これといって効果も無く、そのうち肝機能障害も出てくる…という日々が続いていました。

でも、〝勇〟たちと同じく手作り食に変えて3ヶ月後。血液検査の結果、全ての値が正常値

治った！元気になった！ 

実例レシピ5

鶏と野菜のおから煮

調理POINT

「おからにだしをたっぷり吸収させ、水分たっぷりご飯にすることがポイント。排尿促進、老廃物の体外排出にオススメ食材。ただしいたみやすいので、乾燥おからを準備しておくと便利。小豆、とうがんやきゅうりなど季節に合わせて利尿作用のある野菜を加えるとさらに効果がUP。」

【材料】

●鶏ひき肉（または豚ひき肉）
鶏肉や豚肉でも良いですが、日替わりでタウリンを豊富に含むサバやアジ、鰹などの青魚を使用するとさらによい

●おから
サポニンが排泄を促し、腎臓の働きをサポートし、肝機能の改善にも有効。

●にんじん
ビタミンCが免疫力を強化し、利尿作用のあるカリウムも含む

●ピーマン
ビタミンCで免疫力を強化。ピーマンはビタミンPをあわせもつため熱、酸に強く、ビタミンCが効率よく摂取出来る。苦味が苦手な子にはパプリカで代用すると良い

●大根
ビタミンCが免疫力を強化。消化酵素ジアスターゼで消化を助ける。ただし、ジアスターゼは熱に弱いため、細かく切るかすりおろして生でトッピングする

●キャベツ
胃腸の健康を守るビタミンU、緑色の濃い葉の部分にビタミンCを豊富に

になってしまいました。特に水分を多めにあげる様にしたせいか、今までより倍以上の尿が出るようになり、黄疸の症状が出ていた〝愛〟のオシッコも、かなり薄い色の尿が出るようになりました。

※摂取したタンパク質が、何らかの原因で十分吸収されなかったり、あるいは一度吸収されたタンパク質が余分に排泄される病気です。血液検査で低蛋白血症（血液中のアルブミンという蛋白質濃度が低下）にともない、むくみ（浮腫）や腹水等が認められます。

ごはん作りで心がけたこと

スープ類を多めにすることと、出来るだけ「おから」をあげること。

含むことから、免疫力の強化が望める。細かく切った後にあまり長時間水に漬けないほうが良い

アドバイス

おからの代わりに、利尿作用のあるハトムギご飯を。活性酸素の生成を抑制するアントシアニンを含むなすや小豆、ビタミンEを含むすりごまや植物油（オリーブオイルやごま油など）を加えても良いでしょう。

【作り方】

1 野菜類をフードプロセッサーでみじん切りにする。

2 1、ひき肉、おからを鍋に入れ、具材の半分つかる程度の作り置きのだしを加え、さらに具材がかぶる程度まで水を加えて、野菜がやわらかくなるまで煮込む。

3 2が人肌程度まで冷めたら器に盛って完成。

作り置きだし

【材料】

●**かつお節粉**
血合いの部分にタウリンを含む。タウリンは肝機能を強化し、排尿を促進することで尿量が増加する

●**昆布**
体内の代謝を活発にするヨウ素、利尿作用があるカリウム、体内の老廃物を排出するアルギン酸という食物繊維を含む

●**しいたけ**
食物繊維で老廃物を体外へ排出し、免疫力を活性化する

●**煮干粉**
血合いの部分にタウリンを含む。タウリンは肝機能を強化し、排尿を促進することで尿量が増加する。DHAは血液をサラサラにする

アドバイス

季節によってはタウリンを多く含むアサリやシジミなどの貝類のだしを加えても肝機能強化、排尿促進に役立つ。アサリは利尿作用にも優れている。

【作り方】

1 材料を鍋に入れ、たっぷりの水を加えてだしをとる。

2 キッチンペーパーなどで濾して、だしのみ冷蔵庫で保存する。

こんなに元気になりました
排泄不良（体臭）

＊名前＊ 城西テリー
＊性別＊ オス
＊犬種＊ チワワ
＊年齢＊ 8歳

改善するまでの体調の変化

手作りにして一番最初に変わったのが口臭でした。他の方はすぐ消えたと言うことですが、うちのテリーは「ひどく」なりました。うちの子に手作り食は合わなかったのだろうかと心配になりましたが、「その子の状態によっては、一度ひどくなってから改善することもある」と言われ、信じて続けたところ、始めて一週間程で口臭が気にならなくなりました。また、体臭も同じように開始4日後からひどくなったのですが、これも3週目で気にならなくなりました。これまでは、シャンプーした直後から臭っていたのですが、現在では4ヶ月シャンプーしていないのに、気になりません。家族みんなで、手作り食のパワーに感謝しています。

ごはんづくりで心がけたこと

同じく体臭で困っていた友人が「体臭改善の秘訣はお水を食べること」と言っていたのと、須﨑先生の本でも、スープごはんなどを紹介されていたので、とにかく「汁かけごはん」を徹底しました。また、軟らかいごはんばかりだと歯が弱くなると思い、食後にはブロックのお肉を食べさせました。途中、汁かけごはんに飽きてきたようですが、「これを食べたらお肉あげるからね。」と言い聞かせてワガママを許しませんでした。昔は強い香りのするフードを食べていたので、最初は手作り食の薄い香りに強い興味を示さなかったのですが、だんだん食材の香りになれてきました。

治った！元気になった！

実例レシピ6

鶏ささみと野菜の煮込みうどん

調理POINT

うどんは消化されやすい食材。水分をたっぷり摂取できる煮込みうどんがオススメ。淡白なささみとの組み合わせなので、煮干やあさりのだしなど風味付けをしてあげると嗜好性もUPします。排泄を促すサポニンを含む大豆製品（納豆など）をプラスしてあげると良いでしょう。とろみが合ったほうが食べやすい子は、片栗粉やくず粉でとろみをつけてあげましょう。

【材料】

●鶏ささみ
低脂肪のたんぱく源。青魚のだし（煮干やさば）や貝類（あさりやしじみ）などのタウリンを豊富に含むだしと組み合わせると嗜好性、排尿促進効果が高まる

●ゆでうどん
消化しやすいエネルギー源

●にんじん
β-カロテンが免疫力を強化し、利尿作用のあるカリウムも含む

●ブロッコリー
ビタミンC、β-カロテンを豊富に含む緑黄色野菜。ビタミンCは免疫力を強化してくれる。夏ならばピーマン（パプリカ）がおすすめ

●しいたけ
食物繊維で老廃物を体外へ排出し、免疫力の活性化が望める

●ごぼう
豊富な食物繊維で整腸作用が活発化、体外へ老廃物を排出。食物繊維の中でもリグニンという成分が解毒作用を持っている

アドバイス

うどんの代わりに、利尿作用のあるハトムギご飯。活性酸素の生成を抑制するアントシアニンを含むナスや小豆、ビタミンEを含むすりごまや植物油（オリーブオイルやごま油など）を加えても良いでしょう。とうがんやきゅうりなど利尿作用のある野菜を、季節に合わせてプラスするのもオススメです。

【作り方】

1 ゴボウはすりおろし、そのほかの野菜はみじん切りにする。

2 鍋に**1**、一口大に切ったささみを入れ、具材がかぶる程度水を加えて野菜がやわらかくなるまで煮込む。

3 食べさせる直前に、飲み込みやすい長さに切ったゆでうどんを一度水洗いしてから鍋に加え、うどんが温まったら完成。

こんなに元気になりました
皮膚のかゆみ

＊名前＊
井浦NIDOM

＊性別＊
男の子

＊犬種＊
ニューファンドランド

＊年齢＊
0歳

改善するまでの体調の変化

手作り食を始めた頃はカユカユになったり、手先を噛んだり、うすーいネバッとした薄茶色の目ヤニやらが出たりして心配でした。オシッコの量は相当増えました。食事で水分が足りているため、水はあまり飲まなくなりました。あんなに食べているのにウンチは逆に減りました。今はそれほど体臭はありませんし、耳掃除の際のイヤなニオイもないし、耳アカも全然たまってないです。シャンプーして3

治った! 元気になった!
実例レシピ7

ごはんのベース

【材料】
●昆布　●干しシイタケ　●ごぼう
●冷蔵庫にある野菜

【作り方】
1　ポットに昆布1枚、干ししいたけ2個を入れて2晩置いたものを用意する。ダシが薄茶色になったらダシが出た目安。しいたけと昆布は細かく刻んでおく。
2　鍋にフードプロセッサーで細かくした野菜類（いったん冷凍して繊維を壊してから使用）、あさり水煮を入れ、1を具材がかぶる程度まで加え、野菜がやわらかくなるまで煮る。
3　あら熱をとって完成。

魚の日レシピ

調理POINT
「イワシはDHA・EPAと抗酸化物質グルタチオンを合わせ持ち、皮膚の炎症を抑えてくれるおすすめ食材。水分たっぷりご飯に仕上げて老廃物の排出を促す。」

【材料】
●イワシ
血合いの部分にタウリンを含む。タウリンは肝機能を強化し、排尿を促進することで尿量が増加する。EPAは血液をサラサラにする
●ブロッコリー
免疫力強化に役立つビタミンC、β-カロテンを豊富に含む緑黄色野菜
●にんじん

週間経っても臭いません。先代犬の時は10日も経つと犬臭くなっていたのですが。

ごはん作りで心がけたこと

成長期なので手作りしたくてもバランスや、栄養が不安だったのですが、そこまで考えなくていいと知り、彩りよく、いろんな種類の野菜や肉や魚をとるように心がけてます。

でも旅行や災害時に備えて、いろんなフードもあげるようにはしています。フードだけだと「まだくれるでしょ」って顔をしますが、手作りだとお皿の裏までなめ回して大満足で寝るので、用意のしがいがあります。

これからもいろいろなレシピにチャレンジしたいと思います。

β-カロテンが皮膚や粘膜を強化

●ひじき
食物繊維で老廃物を体外へ排出

●カボチャ
グルタチオンが毒素を細胞外へ排出し、皮膚の炎症を和らげる

●えのきだけ
食物繊維で老廃物を体外へ排出する

●昆布
体内の代謝を活発にするヨウ素、利尿作用があるカリウム、体内の老廃物を排出するアルギン酸という食物繊維を含んでいる

●しいたけ
β-グルテンが免疫力を活性化

●鰹節
タウリンは肝機能を強化し、排尿を促進することで尿量が増加する

●しらす
EPA、DHAを含み血液サラサラ、免疫力を良好に保ち、炎症を抑える。

●すりごま・ごま油
セサミン、セサミノールなどのゴマグリナンには、強力な抗酸化作用がある

●果物
免疫力を強化するビタミンCを豊富に含む

●乳酸菌
乳酸菌、ビフィズス菌はアレルギーを抑制する効果も期待できる

●亜麻仁油
オメガ3脂肪酸に炎症を抑える効果

【作り方】

1 フードプロセッサーにイワシを丸ごと、煮たブロッコリーを加えて、ペースト状にする。

2 **1**を煮立ったお湯にひとさじずつ入れる。プカッと浮かんで少したったら、崩れないように静かにひきあげる。

3 野菜類（よく使うのはニンジン、ブロッコリー、ひじき）をフードプロセッサーでみじん切りにする。

4 **2**で使ったお湯を使って、**3**の野菜と一口大に切ったカボチャを煮て、粗熱を取っておく。

5 別の鍋に、えのきだけ、フードプロセッサーで細かく砕いた昆布、しいたけを入れて、具材がかぶる程度の水を加えてひと煮立ちさせる。

6 ベースにこれら全てを入れ、トッピング（よく使うのはとろろ昆布やカツブシ、シラス、すりゴマ等）を乗せる。

7 果物、乳酸菌、オイル（亜麻仁、ごま油、オリーブオイルのうちどれか）を入れて完成。

●飼い主さんコメント

魚の日は焼き魚や白身の煮魚（味付なし）もあります。
土用の丑の日はウナギもあり（脂が多いので少しだけですが）。

こんなに元気になりました

アトピー性皮膚炎

＊名前＊ 桜井ラン

＊性別＊ メス

＊犬種＊ 柴犬

＊年齢＊ 9歳

改善するまでの体調の変化

最初は体臭と口臭がきつくなり、耳の臭いや耳あかもひどくなり、さらに毛も抜けて、家族から大反対されました。でも、「水分摂取が多くなると代謝が高まり、症状が悪化することもある。」と須﨑先生に言われたことを信じ、半年は続けようと決めました。しかし、症状はひどくなる一方で、私の最初の決心も揺らぎ始めた5ヶ月目、それまでのひどい体臭と口臭がぴたっと落ち着き、耳もキレイになってきました。毛は始めて半年後から生え始め、結局9ヶ月かかりましたが、もとの柴犬らしい状態になってきました。まだ皮膚に赤いところがあったり、かゆみも少々ありますが、以前の状態を考えればがまんできる状態です。正直途中で何度も止めようかと思いましたが、今は続けて良かったと思えます。

ごはんづくりで心がけたこと

好き嫌いがほとんど無く、何でも食べてくれるので、何かに偏らない様、かといって、手に入りにくい食材を使うのではなく、スーパーで買える食材の範囲で工夫しよう、と決めていました。お肉を頻繁に変えた方がいいというアドバイスもありますが、ランの場合は変えても変えなくても変わらなかったのです。菌や寄生虫が恐かったのと、ランが生ものより焼いたり蒸したりしたものの方が好きだったので、加熱したものを食べさせました。また、食後は必ず歯磨きと乳酸菌ケアをして、歯周病対策としました。

治った! 元気になった!

実例レシピ8

鶏肉と野菜のスープごはん

調理POINT
「水分をたっぷり摂取。グルタチオンを含むレバーや、EPA、DHAを含む魚を使用すると皮膚の炎症を抑える効果がある。煮干や鰹節を粉末にして常備したり、だしをとって冷凍しておくと便利です。」

【材料】

●鶏ささみ
細胞の再生を促すビタミンB_1が豊富で低脂肪のたんぱく源。青魚のだし（煮干やサバ）や貝類（アサリやシジミ）などのタウリンを豊富に含むだしと組み合わせると嗜好性、排尿促進の面から見て効果がある

●ごはん
エネルギー源。皮膚の健康を維持するビオチンを含む玄米をやわらかく煮込むとよい。ビオチンは卵黄にも豊富に含まれる

●キャベツ
胃腸の健康を守るビタミンU、緑色の濃い葉の部分にビタミンCを豊富に含むことから、免疫力の強化が望める。細かく切った後にあまり長時間水に漬けないほうが良い

●ゴボウ
豊富な食物繊維で整腸作用が活発化、体外へ老廃物を排出。食物繊維の中でもリグニンという成分が解毒作用を持っている

●にんじん
ビタミンCが免疫力を強化し、利用作用のあるカリウムも含む。β-カロテンが皮膚や粘膜を強化

●大根
ビタミンCが免疫力を強化。消化酵素ジアスターゼで消化を助ける。ただし、ジアスターゼは熱に弱いため、細かく切るかすりおろして生でトッピングする

●小松菜
ビタミンCが免疫力を強化し、利用作用のあるカリウムも含む。β-カロテンが皮膚や粘膜を強化。ほうれん草、チンゲン菜、春菊、菜の花など季節によって代用可

●レンコン
ビタミンCが免疫力を強化、でんぷんを合わせもつことから水への流失が少ない野菜。亜鉛やビタミンB_6など皮膚の健康を保つ栄養素、老廃物排出を行う食物繊維、胃腸の粘膜を保護するムチンを含む

●カボチャ
ビタミンCが免疫力を強化し、利用作用のあるカリウムも含む。β-カロテンが皮膚や粘膜を強化。グルタチオンが毒を細胞外へ排出し、皮膚の炎症を和らげる

●市販のだしの素
嗜好性の向上

●植物油
抗酸化作用のあるビタミンEを含み、細胞の保護を行う

【作り方】

1 野菜と肉をみじん切りにする。

2 鍋に**1**、だしの素少々、具材がかぶる程度の水を加えて、野菜がややわらかくなるまで煮込む。

3 器にごはんを盛り、**2**をかけ、植物油をひとたらしして完成。

こんなに元気になりました

ガン・腫瘍

＊名前＊
あまき まる

＊性別＊
オス

＊犬種＊
シーズー

＊年齢＊
１２歳

改善するまでの体調の変化

12歳で「骨肉腫余命2ヶ月」と宣告され、瀕死状態だったまるですが、わずか4ヶ月で、すっかり元気になりました。

まず、他院で骨肉腫が誤診だったとわかり、手作り食を始めてから、ガンの疑いのある硬いシコリが小さくなりました。抜けてしまった全身、頭、顔の毛は、見事に健康な毛が生え揃いました。そして、飼い主ですら不快になるほどの酷い体臭もすっかりなくなりました。

治った！元気になった！

実例レシピ9

鶏ささみのしょうが風味おじや

調理POINT

「抗酸化物質を豊富に含む緑黄色野菜は、積極的に取り入れたい食材です。しょうがも活性酸素を抑制する抗酸化物質を含み、体を温め血行改善。体内の環境を改善するためにも、水分、食物繊維で老廃物を排出し、免疫力強化のためにきのこや生野菜を加えるのもよいでしょう。」

【材料】

●**鶏ササミ**
ビタミンAを豊富に含み、免疫力強化をサポート

●**玄米**
体力増強のためのエネルギー源。玄米はミネラル分が豊富に含まれる

●**にんじん**
緑黄色野菜の中でもβ-カロテンが豊富で、抗酸化作用や免疫機能の強化が望める

●**大根**
辛味成分であるアリル化合物、消化酵素のオキシターゼが発ガン物質を抑制する

●**小松菜**
ガン促進物質の効力を弱め、免疫力を強化するビタミンC、ビタミンEには、発ガン物質の生成を抑える働きがある

●**しいたけ**
免疫力を強化するβ-グルカンと、老廃物を排出する食物繊維も豊富

●**じゃがいも**
でんぷんを豊富に含むため、水への流失が少ないビタミンCで、免疫力を強化

ごはん作りで心がけたこと

まるの場合、アトピーで食物アレルギーも持っている為、アレルゲンの食材は避け、肉、魚、卵などの動物性たんぱく質は少なめにし、野菜と果物の割合を多くしました。野菜・果物：肉・魚：穀物の割合は、２：１：１。野菜はなるべく農薬が少ないもの、旬のものを選びました。まるの場合、歯が抜けてしまっているところもあるため、消化しやすいように、材料は小さめに切り、やわらかくなるまで火を通し、酵素を含む生の食材を積極的に食べさせました。食材によって大きさの大小をつけて噛む楽しみもあるようにしました。

●しょうが汁
中毒を予防する抗菌作用と香り成分に食欲増進効果がある

●オリーブ油、ごま油、シソ油、フラックスオイル、えごま油
活性酸素を除去する抗酸化物質ビタミンEを含む

アドバイス

ビタミン、ミネラルを摂取するには季節の緑黄色野菜を取り入れた食事がおすすめ。食物繊維も含まれているため、老廃物の排出にも役立つ。血行促進のため、EPAやDHAを含む魚を使用したメニューも治癒促進によい。

【作り方】

1　野菜はみじん切りにし、ささみは食べやすい大きさに切る。

2　鍋に**1**、ごはんを入れ、具材が半分つかる程度の作り置きのだしを加え、さらに具材がかぶる程度まで水を加えて、野菜がやわらかくなるまで煮込む。

3　**2**が冷めたらしょうが汁をかける。

4　器に**3**を盛り、オリーブ油等をひとたらしし、酵素を含む生の食材をみじん切りにしてトッピングして完成。

作り置きだし

【材料】

●昆布　●干ししいたけ　●鰹節

【作り方】

1　材料を鍋に入れ、たっぷりの水を加えてだしをとる。

2　キッチンペーパーなどで濾して、だしのみ冷蔵庫で保存する。

酵素を含む生の食材をトッピング

【材料】

●キャベツ　●トマト　●りんご
●わかめ　●納豆　●しょうが

【作り方】

1　食材をみじん切りにする。

2　適量を完成したごはんにトッピングする。

こんなに元気になりました
ガン・腫瘍

＊名前＊
長谷川ラフ

＊性別＊
メス

＊犬種＊
ラブラドール・レトリーバー

＊年齢＊
１０歳

改善するまでの体調の変化

病気というほどではなかったのですが、なんとなく疲れやすかったり、散歩に行っても帰りは足取りが重かったり、脂肪腫ができやすくなっていました。また悪性腫瘍が見つかる半年ほど前に僧帽弁閉鎖不全症との診断もうけ、薬を飲ませるよう勧められました（どうしても飲ませなければならない程ではなかったので、与えず様子をみることに）。これらは年齢的にもある程度は仕方がないと思っていました。そうこうしているうちに悪性腫瘍が見つかり、その治療が始まりました。三大療法は行わず、食事、サプリメント、運動、ホメオパシーなどいろいろな方法でデトックスと血行促進などに努めました。その結果、体内浄化が進んだのか、前よりも随分元気になり、若返ったように感じます。治療を始めて1年経ちましたが、腫瘍がなくなった上、心臓も問題なしとのことで、今は治療をしていません。全体的に大変体調がよくなりました。

ごはんづくりで心がけたこと

体を温め、デトックス効果のある食材を選びました。また、腫瘍のあるところは血行不良がある可能性があるため、血行促進効果のあるものをとりました。活性酸素による身体へのダメージを少なくするため、抗酸化物質をとりました。その他、ガン予防に効果があるといわれている食材やきのこを意識的に多くし、ごはんを作るときに深刻になったり、悲観的な気持ちで作らない様にしました。

治った！
元気になった！

実例レシピ10

鮭と緑黄色野菜の玄米おじゃ

調理POINT

「鮭＋緑黄色野菜で血行を促進し、不足しがちなビタミン、ミネラルを補給。食物繊維の豊富な海藻類を加えることで、体内に溜まった老廃物を排出。食物繊維はガンの予防のためにも取り入れたい栄養素。」

【材料】

●**鮭**
強い抗酸化作用のあるアスタキサンチンを含む。オメガ3脂肪酸を含み、血行をよくするほか、病原体対策になる

●**玄米**
ビタミン、ミネラルが豊富。デトックスの際に多く消費されるので、ビタミン・ミネラルの補給は十分に。セレンは、活性酸素を分解し、体を酸化から守る

●**ブロッコリー**
有害物質を排泄する、血液中の毒素を体外に排泄し、肝機能を高める

●**にんじん**
抗酸化作用のあるβ-カロテンを豊富に含む。ガン予防になるビタミンB、C、D、E、食物繊維を全て含んでいる

●**カボチャ**
β-カロテンとビタミンCを含み、これらが作用しあって発ガン物質の合成を防ぐ。ビタミンEが含まれているため抗酸化対策、血液サラサラ効果が期待できる。また食物繊維も豊富なので、有害物質を体外に排泄する

●**マイタケ**
マイタケのD-フラクションは抗腫瘍効果作用がある

●**もずく**
ガン細胞のアポトーシス（細胞死）誘導作用、血管新生抑制作用、免疫細胞を活性化する

●**シジミ**
肝機能を強化するタウリンを含む

●**にんにく**
スコルジニン、ゲルアニウムなどの抗ガン作用があるといわれている

【作り方】

1 鍋にシジミ、たっぷりの水を加えて火にかけだしをとる。シジミの殻は外し、身はスープの中へ戻す。

2 **1**の鍋にみじん切りした野菜、一口大に切った鮭、すりおろしにんにく少量、炊飯済みの玄米ごはんを入れて、野菜がやわらかくなるまで煮込む。

3 火を止めた**2**の鍋にもずくを加えて混ぜ合わせ、器に盛って完成。

※ 愛犬の状態にあわせて、ごはんをペースト状にするなどアレンジを。

こんなに元気になりました

膀胱炎・尿結石症

＊名前＊
鈴木ジョニー

＊性別＊
オス

＊犬種＊
柴犬

＊年齢＊
6歳

改善するまでの体調の変化

うちに来たときから、血尿、結石、尿結晶と、毎週の様に動物病院に通っていました。「この子は結石体質だから、処方食を食べながら上手に付き合いましょう」とかかりつけの先生に言われ、そういうものだと信じて来ました。ところがあるとき、散歩仲間に手作り食が良いらしいということを聞き、半信半疑でネットで調べてみたところ、試してみる価値はあるかもしれないと感じて、ダメで元々の精神でやってみました。すると、あんなに悩んでいたオシッコのトラブルが、始めて2週間ぐらいで無くなり、かかりつけの先生からも「調子が良いですね。結晶がありませんよ。この調子で処方食を食べさせて下さい。」と言われました。多くの方がおっしゃる様に、今までの努力は何だったんだ…という感じですが、このことをきっかけに、食事のことを勉強し、私たち家族も、冬になると風邪を引きやすかったのですが、この2年、風邪をひいたことがありません。改めて食事のパワーに感謝しています。

ごはんづくりで心がけたこと

最初は尿のペーハーを下げたかったので、野菜中心というよりは、肉・魚中心で食事を作っていましたが、いろいろ調べると、ペーハーより水分が大事ということを知り、お茶漬けの様な食事や、つみれの様にするなどの工夫をしました。結果薄いオシッコがたくさん出る様になりました。

治った！元気になった！

実例レシピ11

サバつみれ汁ごはん

調理POINT

「感染症予防、膀胱の粘膜強化のために緑黄色野菜に含まれるβ―カロテンとビタミンCを取り入れ、水分たっぷりのご飯を意識する。だしとなるじゃこや鰹節を使って嗜好性をUP。メインのたんぱく質は血行を促進し、炎症を抑えるEPA、DHAを含む魚がおすすめ。」

【材料】

●サバ
EPA、DHAを豊富に含む青魚の代表。血行を促進し、免疫力を良好に保って炎症を抑制する。治癒促進効果あり

●ごはん
エネルギー源

●白菜
白菜の栄養はキャベツと似通っているので、季節によって使い分けするとよい。キャベツよりも低カロリーなのでダイエット中にはオススメ。ビタミンCで免疫力強化、膀胱の粘膜を保護する。主成分が水分で利尿作用も見込める

●にんじん
β-カロテンの宝庫、ビタミンCもあわせもち膀胱の粘膜の強化、有害物質の侵入を防ぎ、体内に結石のできにくい状態に保つ

●大根
ビタミンCを豊富に含み、免疫力を強化し膀胱の粘膜の保護を行う。消化を助ける酵素ジアスターゼの効果は熱、酸に弱いため大根おろしがおすすめ

●ゴボウ
豊富な食物繊維で整腸作用が活発化、体外へ老廃物を排出。食物繊維の中でもリグニンという成分が解毒作用を持っている

●煮干し
血合いの部分にタウリンを含む。タウリンは肝機能を強化し、排尿を促進することで尿量が増加する。EPAは血液をサラサラにし、血行促進。ビタミンB_{12}が葉酸の働きをサポートし、細胞の正常な生成を促す

アドバイス

ビタミンA、ビタミンCは膀胱の粘膜を強化、保護する働きを行う栄養素ですので、季節の緑黄色野菜を増やすとよい。

【作り方】

1. サバの身をフードプロセッサーにかけてなめらかなすり身にし、片栗粉を加えて混ぜ合わせる。
2. 大根、ニンジン、ゴボウはすり下ろす。
3. 小松菜は熱湯で茹でて冷水にとり、細かく切り、すり鉢でつぶす。
4. 鍋に水と煮干を入れ、火にかけ煮立ったら、**1**をスプーンですくって落とし、つみれが浮いてくるまで煮る。
5. すり下ろしゴボウを入れ、ひと煮立ちさせ、アクを取る。
6. 器にごはんを入れ、すりおろしたニンジン、大根、小松菜をのせ、**5**をかける。

こんなに元気になりました

膀胱炎・尿結石症

＊名前＊
川本さくら

＊性別＊
メス

＊犬種＊
ウエストハイランドテリア

＊年齢＊
8歳

改善するまでの体調の変化

さくらがストラバイト結石になってから2年、友人にすすめられて手作り食に挑戦してみました。すると、これまでペーハーを下げなければならないと頑張ってきたのが、ずっと高いままなのです。かかりつけの先生のところで尿検査をしてもらうと、「結晶が増えましたね」と言われ、精神的に辛くなってきました。何かやり方を間違っているかもしれないと思い、須﨑先生に相談してみました。すると「尿のペーハーは結果であって、現在の指標にはなるが、本質的な改善には関係ない。尿路の炎症を改善することが本質的な解決につながります。」と言われ、これまでのこととあまりにも違うアドバイスにとまどいました。でも、今までやってみてダメだったんだから、須﨑先生を信じてやってみようと思い、手作り食を続けたところ、始めて一ヶ月たった頃、血尿も出なくなったし、オシッコシートのキラキラも無くなってきて、尿検査でも結晶が無くなったといわれました。あっという間の出来事で、狐につままれた様な気分ですが、再発もしないようですし、このまま再発しなかったらいいなと思っています。

ごはんづくりで心がけたこと

さくらは野菜とごはんが大好きで、お肉、お魚はそれほど好きではありません。最初は栄養バランスが崩れるのではないかと心配でしたが、毛づやは良くなり、身体も締まってきたし、血液検査も良好です。

治った！元気になった！

実例レシピ12

みぞれおろしごはん

調理POINT

「鶏肉はビタミンAを豊富に含む。ダイエット中ならばムネ肉の皮を取り除いて使用すればOK。緑黄色野菜はβ—カロテン、ビタミンCを含むものが多く、膀胱の粘膜に働いたり、結石ができにくい状態を作るため意識的に増量する事を心がけたい。赤、黄、緑の野菜を入れると良い。（例：かぼちゃ、小松菜、赤ピーマン）」

【材料】

●**鶏モモ肉**
肉類ではレバーに次いでビタミンAを豊富に含む。免疫力の強化のほか、膀胱粘膜の強化、感染症の予防に役立つ

●**ごはん**
エネルギー源

●**大根**
ビタミンCを豊富に含み、免疫力を強化し膀胱の粘膜の保護を行う。消化を助ける酵素ジアスターゼの効果は熱、酸に弱いため大根おろしがおすすめ

●**にんじん**
β-カロテンの宝庫、ビタミンCもあわせもち、膀胱の粘膜の強化、有害物質の侵入を防ぐため、体内に結石のできにくい状態に保つ

●**とろろ昆布**
だしの風味で嗜好性向上。体内の代謝を活発にするヨウ素、利尿作用がある力リウム、体内の老廃物を排出するアルギン酸という食物繊維を含む

●**煮干し**
血合いの部分にタウリンを含む。タウリンは肝機能を強化し、排尿を促進することで尿量が増加する。EPAは血液をサラサラにし、血行促進。ビタミンB_{12}が葉酸の働きをサポートし、細胞の正常な生成を促す

●**水溶き片栗粉**
とろみをつけて食べやすく

【作り方】

1 大根はすりおろす。ニンジンはみじん切りにし、鶏肉は食べやすい大きさに切る。

2 鍋にニンジン、鶏肉、キッチンハサミで細かく切った煮干、とろろ昆布を入れ、具材がかぶる程度の水を加えて野菜がやわらかくなるまで煮込み、最後に水溶き片栗粉を加えてとろみをつける。

3 器にごはんを盛り、**2**をかけ、だいこんおろしをトッピングして完成。

納豆（サポニン）

＋

昆布（食物繊維）

↓

利尿、老廃物排出

亜麻仁油（オメガ3脂肪酸）

＋

鶏肉（ビオチン）

↓

炎症抑制

こんなに元気になりました

消化器系疾患・腸炎

＊名前＊
佐久間テン

＊性別＊
オス

＊犬種＊
ヨークシャーテリア

＊年齢＊
6歳

改善するまでの体調の変化

下痢と嘔吐を繰り返し、かかりつけの動物病院でも原因がわからないと、下痢止め、吐き気止めを処方されていました。でも、副作用が心配で、なんとか体質を変えられないかと思っていたところ、手作り食を知りました。手作り食にしてすぐ変わったのが、ウンチの色と硬さでした。それまでほぼ毎日あった下痢が、二日に一回、三日に一回、とだんだん間隔が延びていきました。そして、始めて3ヶ月ぐらいしてから、まったく下痢をしなくなりました。フードの頃は何ヶ月かに一回は血便を出していましたが、それも無くなりました。嘔吐も手作り食にして一ヶ月頃には無くなりました。テンも以前はフードの袋を手に持つと逃げていましたが、今は私が台所に立つと目を輝かせて待っています。

ごはんづくりで心がけたこと

くず練り（11P参照）から始めて、徐々に食材を増やしていきました。テンにはくず練りが合う様で、お腹の調子が悪くなったときにくずを食べさせると、調子が良くなります。普段の食事も常にくずでとろみをつけて食べさせています。一度、下痢がひどくなったときにたまたまくずがなかったときがあって、片栗粉でとろみをつけてみましたが、片栗粉でも大丈夫でした。幸い、好き嫌いがないため、どんな食材を使っても残さず食べてくれます。ただ、食べ過ぎるとお腹が下る様なので、量の調整はとても重要みたいです。

治った！
元気になった！

実例
レシピ13

豚肉と納豆のとろろ昆布風味おじや

調理POINT

「肉や魚は脂肪分の少ない部位を選び、野菜は消化しやすい柔らかい繊維のものを使用するか、細かく切ったり、すりおろすなどの工夫を。消化を助けるため大根おろしをトッピングするのも良い方法。腸粘膜の保護にはくず粉でとろみをつけると効果的。」

【材料】

●豚赤身ひき肉
たんぱく源として脂肪の少ない部位を選ぶ。豚肉は体を活性化するビタミンB群を豊富に含む

●卵
卵黄にはビタミンAが含まれており胃腸の粘膜保護に働き、免疫力を強化、感染症予防に役立ちます。細胞の生成、多くの酵素を活性化する働きのある亜鉛を含む

●ごはん
エネルギー源。消化しやすいようにやわらかく煮込んで、たっぷりの水分を含ませる

●青梗菜
β-カロテン、ビタミンCを含み、免疫力の強化、胃腸の粘膜保護に働く

●にんじん
β-カロテンの宝庫、ビタミンCもあわせもつため免疫力の強化、胃腸の粘膜保護に働く感染症対策にも有効

●納豆
納豆ムチンには胃壁を守り、消化吸収を助ける作用あり（おくら、山芋でも可）

●とろろ昆布
だしの風味で嗜好性向上。体内の代謝を活発にするヨウ素、腸内環境を整えるアルギン酸という食物繊維を含んでいる

●煮干
EPAは血液をサラサラにし、血行促進。ビタミンB_{12}が葉酸の働きをサポートし、細胞の正常な生成を促す

●水溶き片栗粉
くず粉の使用がおすすめ。腸の粘膜を保護してくれます。

アドバイス

胃腸の粘膜を保護するビタミンUを含むキャベツやレタス、パセリ、アスパラなどを加えるとよいでしょう。
下痢の時には山芋のすりおろしもオススメです。

【作り方】

1 鍋にみじん切りにした野菜、豚肉、とろろ昆布、キッチンハサミで細かく切った煮干を入れて、具材がかぶる程度の水を加えて野菜がやわらかくなるまで煮込む。

2 **1**に溶き卵をまわし入れ、軽くかき混ぜる。

3 器にごはんを盛り、**2**をかけ、納豆をトッピングして完成。

こんなに元気になりました

消化器系疾患・腸炎

＊名前＊
金田ボス

＊性別＊
オス

＊犬種＊
フレンチブルドッグ

＊年齢＊
3歳

改善するまでの体調の変化

我が家に来たときから血便、下痢、粘膜便がしょっちゅう出る子で、アレルゲン検査でもたくさんの食材が陽性になり、食べさせられるものが無い状態でした。身体もやせ細って、ごはんを食べた後もお腹がギュルギュルいい、毎日心配で仕方ありませんでした。合うフードもなく、ほとほと困ったときに手作り食を知り、不安ではありましたが、もうこれにかけるしかないと思い、手作り食をスタートしました。始めてから血便は無くなったのですが、下痢は酷くなりました。手作り食もダメかなと思って10日ほど経った頃、突然、本当に突然にウンチが固まって出る様になり、三週間ぐらいした頃には、硬さといい、色といい、みんなに見せてあげたい様なウンチが出る様になりました。手作り食にしてすぐに良いウンチが出る子もいるみたいですが、ボスは少し時間がかかりました。今も、数ヶ月に一回くらいは、下痢になることはありますが、ほとんど心配しなくていい様になりました。

ごはんづくりで心がけたこと

いろんな食材を試しましたが、ボスにはサツマイモが合っていたようです。もちろん、今は何でも食べられますが、お腹の調子が悪くなったときにサツマイモを増やすと、調子が良くなります。最初の頃は人間の赤ちゃんの離乳食の様な食事でしたが、便の状態を見ながら、少しずつ塊を増やしていきました。今は普通のごはんです。

治った！元気になった！

実例レシピ14

カツオと豆腐のおじゃ

調理POINT
「脂肪分の少ない魚肉＋食物繊維で腸内環境を整える。大根おろしなど、消化酵素を含む食材で、胃腸の粘膜を保護しながら消化をサポート。下痢や嘔吐で脱水症状にならないように水分たっぷりを心がけ、ペーストにしてスープ状にしてもよいでしょう。」

【材料】

●カツオ
ビタミンB群が多いため、スタミナ増強、健康増進効果がある。魚では脂肪分の少ないタラやマグロの赤身、カレイやヒラメなどの白身魚もオススメ。淡白な魚を使用する際は煮干などのだし風味を強くしたり、カッテージチーズなどを加えて嗜好性を向上させるとよい

●ごはん
エネルギー源。消化しやすいようにやわらかく煮込む

●さつまいも
食物繊維が豊富で腸内環境を整備する。ビタミンCとでんぷんを豊富に合わせて含むため、水へのビタミンCの流失が少なく効果的に摂取でき、免疫力の強化に役立つ

●豆腐
大豆製品の中でも消化が良い。細胞の生成を行う亜鉛を含み、たっぷりの水分で出来上がっている点もピッタリ

●大根
ビタミンCを豊富に含み、免疫力を強化し胃腸の粘膜の保護を行う。消化を助ける酵素ジアスターゼは熱、酸に弱いため大根おろしがおすすめ

●まいたけ
β–グルカンが免疫力を強化。食物繊維が腸内環境を整備する

●とろろ昆布
水分たっぷりのご飯のときの強い味方、だしの風味で嗜好性向上。体内の代謝を活発にするヨウ素、腸内環境を整えるアルギン酸という食物繊維を含む

●味噌
乳酸菌、酵母などの生きた微生物がたくさん繁殖しているため、腸内環境を整え、胃腸の免疫機能を高め活力を与える

アドバイス
傷ついた胃腸の粘膜保護のため、ビタミンUを含むキャベツやレタスとβ–カロテンを含む季節の緑黄色野菜を加えるとさらに効果がUPするでしょう。

【作り方】

1 野菜はみじん切りにし、カツオは食べやすい大きさに切る。

2 鍋に**1**、ごはん、手で細かく崩した豆腐、とろろ昆布、味噌少々を入れ、具材がかぶる程度の水を加えて、野菜がやわらかくなるまで煮込む。

3 **2**を器に盛って完成。

こんなに元気になりました
肝臓病

＊名前＊
横川テツ

＊性別＊
オス

＊犬種＊
ラブラドールレトリーバー

＊年齢＊
5歳

改善するまでの体調の変化

見た目はとても健康でした。4歳の時に年に一度の健康診断で血液検査をしたら、GPTが712、ALPが1652という数値であることがわかり、その日から治療が始まりました。でも、なかなか肝臓の数値が下がらず、困っていたときに、手作りごはんという方法があるということを知り、始めました。まずは手作り食にハーブを加えながら、体質改善に取り組んだところ、それまでは気にならなかった体臭が二週間ほどキツクなり、口臭も気になり始めました。それが落ち着いたところで、血液検査に行ったところ、GPTが127、ALPが662にまで落ち着いてきました。そして、始めてから3ヶ月後、全て基準値におさまり、一年経った今も正常値に落ち着いています。

ごはんづくりで心がけたこと

良質のタンパク源となり、脂肪も少ないタラをメインに使いました。サツマイモは脂肪肝の予防に良いということを知り、お米の代わりの炭水化物として使ってみました。というのも、テツはどうもお米が好きでないらしく、よけて食べていたので、あれこれ試してこれに落ち着きました。あと、調理師の友人に「旬の食材の大切さ」を教わったので、なるべく冷凍物やハウス栽培の食材を避け、旬の食材を使うことに気をつけました。また、細菌やウイルス感染が疑われましたので、デトックス用サプリも追加しました。

治った！
元気になった！

実例
レシピ15

タラとさつまいもの豆腐あんかけ

調理POINT

「肝機能を再生させるためには良質なたんぱく質が必要。さつまいもの代わりに里芋やハトムギごはん、煮干の代わりにしじみのだしなど肝機能強化作用のある食材も取り入れてみるとよいでしょう。さつまいもには脂肪肝を防ぐビタミンB_6が含まれており、ビタミンB_6を活発に活動させるために大豆製品やレバー、卵を組み合わせると効果UP。何よりも食べさせすぎ注意！」

【材料】

●タラ
肝臓の機能再生のために必要なたんぱく源

●豆腐
大豆製品の中でも消化しやすい。細胞の生成を行う亜鉛を含み、ビタミンEが抗酸化作用で活性酸素を無毒化。ビタミンB_6を活性化させるビタミンB_2も含んでいる

●さつまいも
ビタミンB_6が肝臓への脂肪の蓄積を抑え、脂肪肝の予防。食物繊維で老廃物を体外へ排出。ビタミンCとでんぷんを豊富に合わせて含むため、水へのビタミンCの流失が少なく効果的に摂取でき、免疫力の強化に役立つ

●にんじん
β-カロテンの宝庫、ビタミンCもあわせもつため免疫力の強化、感染症対策にも有効

●グリンピース
グリーンピースはサポニンを含み、利尿作用、排泄促進で老廃物を体外へ排出

●しめじ
β-グルカンが免疫力を強化、食物繊維が体内の老廃物を排出する

●煮干粉
DHAは血液をサラサラにし、血行促進。ビタミンB_{12}が葉酸の働きをサポートし、細胞の正常な生成を促す

●水溶き片栗粉

アドバイス

同物同治という考え方により、肝臓の機能強化のためにレバーを取り入れるのも1つの方法です。メチオニン、タウリンを含むしじみやあさりのだしもおすすめ。

【作り方】

1 野菜はみじん切りにし、タラは食べやすい大きさに切る。

2 鍋に**1**、煮干粉、手で細かく崩した豆腐を入れ、具材がかぶる程度の水を加えて野菜がやわらかくなるまで煮、最後に水溶き片栗粉でとろみをつける。

3 **2**を器に盛って完成。

こんなに元気になりました

腎臓病

＊名前＊ 金丸トーイ

＊性別＊ オス

＊犬種＊ パピヨン

＊年齢＊ １２歳

改善するまでの体調の変化

フィラリアの検査で血液を採ったときにBUNとクレアチニンの数値が高い上、何日も前から元気が無く、下痢や嘔吐をしていたので、毎日点滴を受けに通う様になりました。腎炎のフードを与えるように言われましたがどうしても食べてくれず、フードを粉にして鶏のササミなどにまぶしてあげますが臭いでそっぽを向いてしまいます。何とか家庭食で体力をまずつけさせたいと思いました。しかし、腎臓病というと、与えて良い物が限られていて何をあげていいものか解らず、須﨑先生に相談しました。そうしたら「病原体の感染で炎症を起こしているだけかもしれないから、病原体デトックス用サプリや、おじやを食べさせてみて下さい」といわれ、早速やってみました。手作り食を始めて2週間ぐらいしてから何となく元気になり、下痢も止まりました。一ヶ月経った頃から嘔吐も止まり、血液検査の結果も、若干基準値より高いぐらいにまで落ち着きました。半年後には血液検査は正常、元気も良くなりました。

ごはんづくりで心がけたこと

タンパク質は少なめにしようと思いましたが、イワシペプチドは腎臓病に良いと効き、ニボシを使いました。塩分が気になったのですが、須﨑先生は十分な水分と一緒に取ればほとんど大丈夫とおっしゃったので、その通りにしました。結果的に治ったので、うちの子は塩分は関係なかったのかもしれません。

治った！
元気になった！

実例レシピ16

鶏と緑黄色野菜のおじや

調理POINT

「たんぱく質の摂取制限がある場合は、大きめのお肉をゴロゴロ入れるよりもひき肉のようにまんべんなくお肉が入っているほうが食べ残しをしにくくなります。植物性たんぱく質中心のごはんの場合、肉や魚のだしを上手に使って嗜好性をあげましょう。腎臓の機能を強化するイワシの使用もオススメです。」

【材料】

●**鶏ひき肉**
ビタミンAを含み、感染症を予防。たんぱく質の摂取が制限されている場合は風味付けに少量使用、植物性タンパク質の大豆製品を取り入れ腎臓の働きをサポート

●**ごはん**
エネルギー源

●**カボチャ**
β–カロテン、ビタミンC、ビタミンEを含んでおり、免疫力の強化に役立つ。β–カロテンで歯周病対策

●**小松菜**
β–カロテン、ビタミンCを含んでおり、免疫力の強化に役立つ。β–カロテンで歯周病対策

●**もやし**
排泄促進のため、主成分が水分。

●**煮干**
嗜好性向上。EPAで血液をサラサラ、免疫力を良好に保ち、炎症を抑制する。カルシウム供給源にも

アドバイス

腎臓病の原因とも言われる歯周病にはβ–カロテン（緑黄色野菜）、腎臓の炎症にはEPA、DHA（魚）、腸のトラブルにはビタミンU（キャベツ）を季節ごとに取り入れてみても良いでしょう。

【作り方】

1 野菜はみじん切りにする。
2 鍋に**1**、鶏肉、キッチンハサミで細かくした煮干を入れ、具材がかぶる程度の水を加えて、野菜がやわらかくなるまで煮込む。
3 器にごはんを盛り、**2**をスープごとかけて完成。

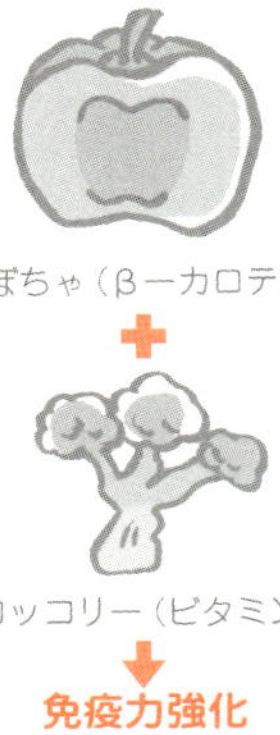

こんなに元気になりました
腎臓病

＊名前＊
福間マル

＊性別＊
メス

＊犬種＊
マルチーズ

＊年齢＊
１４歳

改善するまでの体調の変化

1年近く、尿毒症の治療を続けていました。クレアチニンの数値は、いつも問題ない様ですが、BUNの数値が乱高下を繰り返していました。主治医の先生もいろいろ調べてくださって血流を良くするお薬飲ませてみたり、フードもいろいろ試してきましたが、改善しませんでした。もうダメかとあきらめかけたときに手作り食のことを知り、「ひょっとしたら、食事療法で体質改善することにより腎臓の機能も改善することもあるかも」と思い、手作り食を始めました。すぐにわかる変化はオシッコの量と色と臭いでした。それまでは濃い黄色の臭いのきついオシッコでしたが、手作り食に変えたその日から薄く透明の大量のオシッコになりました。薄いオシッコが出れば出るほど、どんどん元気になっていく様でした。そして5ヶ月後にBUNが基準値に戻りました。主治医の先生も不思議そうでしたが、手作り食に出会えて本当に良かったです。

ごはんづくりで心がけたこと

辛そうなマルも、私が台所に立って料理を始めると、「私のごはん？」と言いたげに寄ってきました。腎臓に良いといわれるイワシを使い、気になる塩分は十分な水分とカリウム（野菜に多い）があれば大丈夫という須﨑先生のアドバイスに従い、食べさせました。野菜は出来るだけ細かく切り、消化しやすい様にしました。豆も腎臓に良いと聞いたので、軟らかく煮てつぶして食べさせました。

治った！元気になった！

実例レシピ17

イワシのごま風味おじや

調理POINT

「イワシはイワシペプチドが腎臓の機能を強化するといわれている。イワシが手に入らない季節はイワシの煮干を使用してもOK。豆は腎臓の形に似ていて腎臓病に良いと言われている食材。季節の豆類を取り入れてみるとよいでしょう。老廃物排泄のため、食物繊維もしっかりとれるれんこんがおすすめ。」

【材料】

●**イワシ**
イワシペプチドが腎臓の機能を強化。EPA、DHAが免疫力を良好に保ち、炎症を抑制。EPAは血液をサラサラにし、血行を促進

●**ごはん**
エネルギー源

●**ひじき**
食物繊維で老廃物を体外へ排出。他にマグネシウムや亜鉛などの消耗しやすいミネラルを豊富に含むことから、免疫力強化のためきのこ類と一緒に摂取するとさらに良い

●**れんこん**
ビタミンCが免疫力を強化、でんぷんを合わせもつことから水への流失が少ない野菜。老廃物排出を行う食物繊維、胃腸の粘膜を保護するムチンを含む

●**にんじん**
β-カロテンの宝庫、ビタミンCもあわせもつため免疫力の強化、感染症対策にも有効

●**ごま油**
ビタミンEが抗酸化作用を持ち、オメガ3脂肪酸で炎症の抑制を行う

アドバイス
豆、とうがんやきゅうりなど季節に合わせて利尿作用のある野菜を加える方法もおすすめ。

【作り方】

1 イワシの身はフードプロセッサーでペースト状にする。

2 鍋にゴマ油を熱し、**1**、みじん切りにした野菜、ひじきを加えて軽く炒める。

3 **2**の具材がかぶる程度の水を加え、野菜がやわらかくなるまで煮込む。

4 器にごはんを盛り、**3**をスープごとかけて完成。

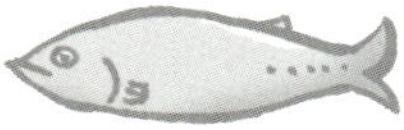

イワシ（イワシペプチド）

＋

ゆで大豆（イソフラボン）

↓

腎機能強化

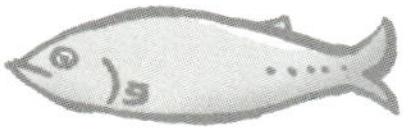

イワシ（EPA、DHA）

＋

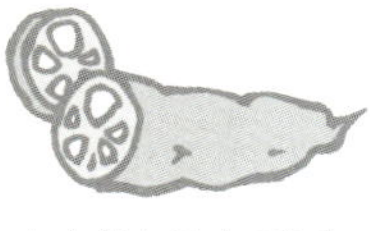

れんこん（タンニン）

↓

炎症抑制

こんなに元気になりました
肥満

＊名前＊
黒川くるみ

＊性別＊
メス

＊犬種＊
ビーグル

＊年齢＊
7歳

改善するまでの体調の変化

くるみはビーグルの特性なのか、底なしに食べる子でした。フードだけでは満足できず、喜ぶからとジャーキーなどのオヤツを要求されるがまま食べさせていました。しかも、我が家は5人家族なので、それぞれが食べさせたりしていたので、今考えればすごいカロリーオーバーだったなと思います。雑誌でダイエットに手作り食が良いということを知り、早速その日から変えてみました。すぐに変わったのが体臭とオシッコの臭いでした。手作りに変えた翌日から強い臭いになってちょっと元気がなくなったので、家族が動揺しましたが、それは「排毒だろう」と考えて様子をみることにしました。三日ほどで臭いは無くなり、元気になりました。そして、4ヶ月経った頃には、カラダが締まり、ウエストのくびれもわかる様になりました。

ごはんづくりで心がけたこと

手作り食は水分が多いということで、フードに比べるとボリュームもあって喜んで食べてくれました。キャベツなどでカサを増やし、根菜類をすり下ろして混ぜたり、動物性タンパク質はヘルシーなお魚を使いました。忙しいときは一度に大量に作って、冷凍保存し、レンジで解凍して食べさせましたが、特に問題はありませんでした。おやつは生野菜スティックを与えました。満腹感があっても太る様子はなく、肥満犬の空腹対策にはおすすめです。血液検査も良好です。

治った！元気になった！

実例レシピ18

鮭と納豆の玄米おじや

調理POINT

「食物繊維を豊富に含む野菜や海藻を使用し、体内に蓄積した老廃物を排出。低カロリーで満腹感があるおからを加えてもよい。ビタミンB_1とB_2を合わせもつ煮干は、糖質や脂質の代謝を促進するためダイエットには煮干だしがおすすめ。」

【材料】

●鮭
血液をサラサラにするEPAを含み、血行促進。ビタミンB_2が脂質の代謝を促進する

●玄米
ビタミン、ミネラルを豊富に含む、白米よりも食物繊維が多い。体外への老廃物排出に働く

●納豆
コレステロール値を低下させる働きをもつリノール酸、体内で脂質の代謝を促進するサポニンを含む。ダイエットにオススメの食材

●キャベツ
食物繊維が老廃物を体外へ排出する

●にんじん
食物繊維が老廃物を体外へ排出する

●じゃがいも
デンプン価が高いため、ご飯の代わりに使用しても良い。ビタミンB_1を含み、食物繊維を多く含むかぼちゃ、さつまいももオススメ。ジャガイモやさつまいも、かぼちゃを使用するときはご飯の量を少なめにするとエネルギーが抑えられる

●大根
食物繊維が老廃物を体外へ排出する

●しいたけ
食物繊維が老廃物を体外へ排出する。低カロリーで便秘解消に役立つため取り入れたい食材

●とろろ昆布
水分たっぷりのご飯のときの強い味方、だしの風味で嗜好性向上。体内の代謝を活発にするヨウ素、腸内環境を整えるアルギン酸という食物繊維を含む

アドバイス

ダイエット中は油を控えがちですが、植物油には血中コレステロールを減少させ、便秘の解消にも役立ちますので少量加えてあげてもよいでしょう。

【作り方】

1 野菜をみじん切りにする。鮭は食べやすい大きさに切る。
2 鍋に**1**、炊いた玄米、とろろ昆布を入れ、具材がかぶる程度の水を加えて野菜がやわらかくなるまで煮込む。
3 器に**2**を盛り、納豆をトッピングして完成。

こんなに元気になりました
肥満

＊名前＊ 川村マロン

＊性別＊ メス

＊犬種＊ ミニチュアダックス

＊年齢＊ 5歳

改善するまでの体調の変化

子犬の時からあまり活発ではなく、でもごはんは喜んで食べるために、結果的に太らせてしまいました。3歳ぐらいからシニア用フードを食べさせていましたが、やせることはなく、須崎先生のホームページでスリムになったミニチュアダックスの写真を拝見し、やってみようと思ったのが手作り食とのきっかけでした。

幸いマロンは手作りにしても喜んで食べてくれたので作り甲斐がありました。よくある排毒症状も出ずに、サイトでご紹介されている様に本当に半年でスリムになりました。

家族がびっくりしたのが、やせるに連れて元気になったことです。うちに来たときからそれほど元気がある子ではなかったので、「こういう子なんだ」と思っていました。

手作り食が良かったのか、他の原因があるのかわかりませんが、散歩仲間がどうしたの！と言ってくれる様に、以前とは見違えるほど元気になりました。

ごはんづくりで心がけたこと

食材がのどに詰まらない様に細かく切ることを心がけました。また、ダイエットには食物繊維が良いということと、ちょっとアレルギー体質な所があったので、免疫力強化もできるキノコを使いました。須崎先生の本に「ダイエット時の動物性タンパク質にはニボシがおすすめです」と書いてあったので使いました。計算が苦手なので、栄養計算はしませんでしたが、いろいろ食べさせました。

治った！元気になった！

実例レシピ19

鶏と卵の親子おじや

調理POINT

「鶏肉は必須アミノ酸のバランスが良く、メチオニンが肝臓への脂肪の蓄積を予防します。皮の部分は脂が多いため、皮を取り除いて使用しましょう。ムネ肉やささみ、砂肝などが比較的低脂肪な部位。鶏肉＋食物繊維で健康的にダイエット。」

【材料】

●**鶏ひき肉**
メチオニンが肝臓への脂肪の蓄積を予防。鶏肉の脂質にはコレステロールを減少させるリノール酸を含む

●**卵**
栄養価が高く、優秀なたんぱく源

●**ごはん**
エネルギー源。玄米や雑穀米を使用すると食物繊維の摂取量が増加する

●**にんじん**
食物繊維が老廃物を体外へ排出する

●**大根**
食物繊維が老廃物を体外へ排出する

●**きくらげ**
ヨウ素が全身の基礎代謝促進。豊富な食物繊維に整腸作用あり。消化しづらいので細かく切って使用する

●**白きくらげ**
ヨウ素が全身の基礎代謝促進。豊富な食物繊維に整腸作用あり。消化しづらいので細かく切って使用する

●**まいたけ**
食物繊維が老廃物を体外へ排出する。低カロリーで便秘解消に役立つため取り入れたい食材

●**しめじ**
食物繊維が老廃物を体外へ排出する。低カロリーで便秘解消に効果的

●**とろろ昆布**
だしの風味で嗜好性向上。体内の代謝を活発にするヨウ素、腸内環境を整えるアルギン酸という食物繊維を含む

●**煮干し粉**
ビタミンB_1とB_2を合わせもつ煮干は、糖質や脂質の代謝を促進する

【作り方】

1 野菜はみじん切りにする。

2 鍋に**1**、鶏肉、とろろ昆布、煮干粉を入れて、具材がかぶる程度の水を加えて野菜がやわらかくなるまで煮込み、最後に溶き卵をまわし入れる。

3 器にごはんを盛り、**2**を汁ごとかけて完成。

こんなに元気になりました

関節炎

＊名前＊
南ノエル

＊性別＊
メス

＊犬種＊
ミニチュア・ダックスフンド

＊年齢＊
7ヵ月

改善するまでの体調の変化

生後3ヶ月でうちに来た頃は、涙やけがかなり目立っていました。拭いても取れないし、もしかしたらフードが一因かもしれないと思っていました。ドライフードを食べなったことがキッカケで、手作りに変えてみたところ前ほど涙がでなくなり1～2週間たつころには涙やけもすっかり消えていました。6ヶ月ごろに歩き方がおかしくなり、レントゲンを撮ったところ関節の不安が見つかりました。

痛みを取る投薬と同時に、手作り食で骨の成長に良いようにとカルシウムが豊富な煮干の粉末を加えるようにしました。一時は手術が必要かと言われましたが、特に大きな問題はなく、薬を減らした現在でも、何の問題もなかったかのようにしっかりした足取りで普通に歩くようになりました。

ごはんづくりで心がけたこと

須﨑先生の本を参考に、彩り良く様々な食材を使うことを心がけました。加熱すると失われるビタミンや酵素などもあるということなので、加熱した食材のほかに、生の野菜も少し加えるようにしました。涙やけ以外に、前足の関節の異常が疑われているため、骨・関節に良いように煮干の粉末を加えるようにしています。炊飯器のおかゆ機能が便利なので、普段は炊飯器を使ってレシピを作っています。この方法ですと、1回分だけ作るのは難しいですが、数日分まとめて作るにはとても便利です。

治った！
元気になった！

実例
レシピ20

ささみと緑黄色野菜の彩りおじや

調理POINT

「筋力UPのためにたんぱく質を摂取。やや太り気味ならば肥満解消のために低脂肪のたんぱく源がおすすめ。炎症を抑制するために抗酸化物質を含む、トマト（リコピン）、植物油（ビタミンE）、緑黄色野菜（β―カロテン）をプラス。関節に良いコンドロイチンやグルコサミンを含む軟骨やねばねば食品も取り入れましょう。」

【材料】

●**鶏ささみ**
肥満を予防し、関節への負担を軽減するために低脂肪の肉を使用

●**プレーンヨーグルト**
カルシウム源。丈夫な骨をつくる

●**ごはん**
エネルギー源

●**かぼちゃ**
抗酸化物質ビタミンEやβ―カロテンを含み、炎症を抑制する。ビタミンCはコラーゲンを生成し、骨や筋肉を強化する

●**トマト**
リコピン、β―カロテンを含み、炎症を抑制する。ビタミンCはコラーゲンを生成し、骨や筋肉を強化する

●**キュウリ**
利尿作用や体の老廃物を排出する効果のあるイソクエルシトリンという成分を含む

●**キャベツ**
食物繊維が老廃物を体外へ排出する

●**ひじき**
食物繊維で老廃物を体外へ排出。他にマグネシウムや亜鉛などの消耗しやすいミネラルを豊富に含むことから、免疫力強化のためにはきのこ類と一緒に摂取するとさらに良い

●**煮干粉**
ビタミンB_1とB_2を合わせもつ煮干は、糖質や脂質の代謝を促進、ダイエットに適する

【作り方】

1 野菜はみじん切りにする。ささみは食べやすい大きさに切る。

2 鍋にごはん、ささみ、かぼちゃ、キャベツ、ひじき、煮干粉を入れ、具材がかぶる程度の水を加えて野菜がやわらかくなるまで煮込む。

3 **2**を器に盛り、キュウリ、トマト、ヨーグルトをトッピングして完成。

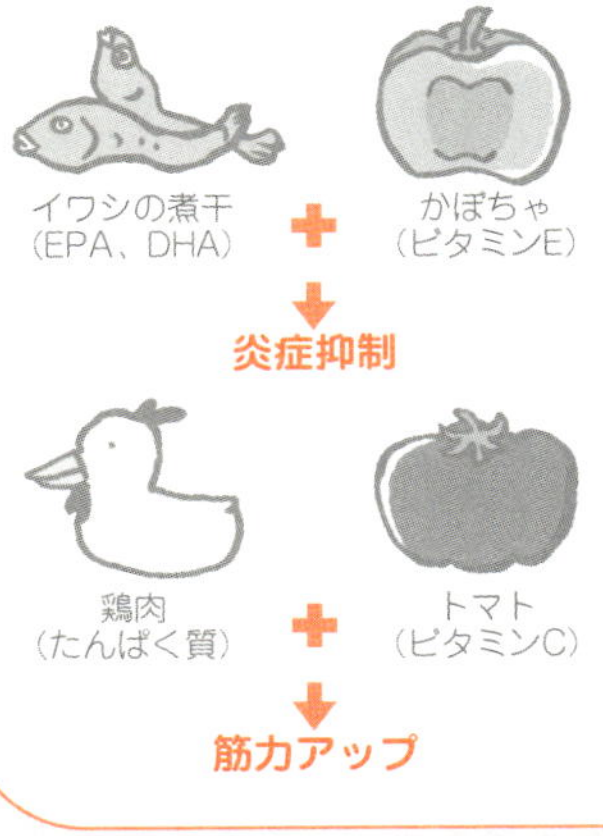

こんなに元気になりました
糖尿病

＊名前＊
吉川ジョン

＊性別＊
オス

＊犬種＊
マルチーズ

＊年齢＊
9歳

改善するまでの体調の変化

4歳くらいから、肥満を指摘されてはいたのですが、多飲多尿がでてきたので、血液検査で調べて頂いたら、血糖値が高く、糖尿病と診断されました。それから血糖降下剤と食事療法などで改善していましたが、6歳で再発、食事療法と注射で血糖値を維持していました。ただ、薬の副作用などが心配だったため、療法食ではなく手作り食で何とかしてあげたいと考えました。経過は、モリモリ食べているのにカラダが健康的に締まってきて、散歩の足どりも力強くなったので、これは行けるかもしれないと期待していました。そして手作り食を開始して半年後…血液検査では正常と言われ、約2年経過した現在、食事療法のみで血糖値は安定しています。

ごはんづくりで心がけたこと

血糖値のコントロールには野菜・海藻などの食物繊維や、納豆などのネバネバ食品が有効と知り、一度野菜だけのおじやを作ったのですが、においをかいだだけで拒否され、香り付けに鶏肉やじゃこを使うようにしました。野菜を含んだハンバーグやつみれも身体の維持に便利なレシピでした。

須﨑先生が「糖尿病はすい臓を休ませる時間を作ることが大切で、一日一食で十分です」とおっしゃったので、それを信じてやりました。正直最初はとても不安でしたが、結果的に治ったので、良かったです。

治った！元気になった！

実例レシピ21

とろーり鶏たまおじゃ

調理POINT

「カロリー制限のため、腹持ちはよく満腹感のあるおからやさつまいもなどの使用がおすすめ。白米よりも玄米や雑穀米が食物繊維を豊富に含む。感染症の予防のために緑黄色野菜を食事に取り入れる。」

【材料】

●**鶏ひき肉**
必須アミノ酸のバランスが良い良質なたんぱく質。皮を取り除けば低脂肪に

●**卵**
栄養価が高く、優秀なたんぱく源

●**ごはん**
エネルギー源。すい臓の働きをサポートするきびご飯がおすすめ

●**おから**
食物繊維が豊富、体内の老廃物を排出。腹持ちが良い

●**大根**
ビタミンCを豊富に含み、免疫力を強化し胃腸の粘膜の保護を行う。消化を助ける酵素ジアスターゼの効果は熱、酸に弱いため大根おろしがおすすめ

●**にんじん**
β-カロテンを豊富に含み、感染症を予防。血糖値低下作用あり

●**乾燥ひじき**
食物繊維で老廃物を体外へ排出。他にマグネシウムや亜鉛などの消耗しやすいミネラルを豊富に含み、免疫力強化を高めるには、きのこ類と一緒に摂取する

●**じゃこ**
嗜好性向上

●**ごま油**
抗酸化作用のあるビタミンEを含む

●**水溶き片栗粉**

アドバイス

糖質の代謝を促進するビタミンB_1を含むかぼちゃ、大豆製品、玄米、煮干や老廃物排出のため利尿作用を促進するカリウム等を含むきゅうり、とうがん、山芋、小豆などを取り入れるとよい。

【作り方】

1 野菜乾燥ひじきはみじん切りにする。
2 鍋にごま油を熱し、**1**、鶏肉、ジャコを入れて軽く炒め合わせ、具材がかぶる程度の水を加えて野菜がやわらかくなるまで煮込む。最後に溶き卵をまわしいれ、軽く混ぜる。
3 器にごはんを盛り、**2**をスープごとかけて完成。

こんなに元気になりました

心臓病

＊名前＊
紺野ナナ

＊性別＊
メス

＊犬種＊
キャバリア・キング・チャールズ・スパニエル

＊年齢＊
9歳

改善するまでの体調の変化

5歳のときの定期検診で「心雑音がある。キャバリア特有の心臓病だ」と言われました。体型も太りすぎだったので、ダイエット用フードを食べさせ、心臓の薬をのみはじめました。でも、ナナはダイエット用フードが嫌いで、薬も嫌がるため、困っていたところで手作り食を知り、かかりつけの先生に検査してもらいながら取り入れてみました。手作り食にしたとたんにガツガツ食べる様になりました。「太るのでは?」と心配しましたが、食べるのにやせていきました。「糖尿病?」と心配になりましたが、血液検査では正常でした。そうしているうちに、だんだん理想的な体型になりました。手作り食を食べさせるにつれて、毛づやと目の輝きが良くなっているのを実感しました。そしてびっくりしたことに手作り食を始めて1年後、心雑音が無くなったのです。かかりつけの先生も原因はわからないということでしたが、私は食事のおかげだと思っています。

ごはんづくりで心がけたこと

心臓病の原因はまだ不明なことが多いらしく、原因がわからないから対処法が対症療法しかないそうです。ナナには、血液がスムーズに流れて、心臓に負担がかからない様な食材を積極的に使う様にしました。たまたま父が高脂血症と動脈硬化の食事療法を指導されていたので、同じ食材を使い、味付けしたのは家族が、味付けしていない分はナナが食べ、家族で健康的な生活を送っています。

治った！元気になった！

実例レシピ22

アサリだしの納豆おじや

調理POINT

「EPA、DHAを含む魚がおすすめ。血行促進、血圧低下効果がある。心臓の働きを強化するビタミンQを含むブロッコリー、カリフラワー、ほうれん草などの野菜を取り入れる。歯周病の予防にβ-カロテンを含む緑黄色野菜もおすすめ。」

【材料】

●アサリ水煮
タウリンが動脈硬化を予防。旨み成分コハク酸が血中のコレステロール増加を抑制する

●ごはん
エネルギー源。血中の余分な脂質を排出するために食物繊維を含む雑穀米がおすすめ

●にんじん
β-カロテンを豊富に含み、感染症を予防

●納豆
納豆菌には酵素が豊富で、利尿作用もある。ビタミンEも含み動脈硬化予防

●しょうが
抗菌効果あり

●とろろ昆布
だしの風味で嗜好性向上。体内の代謝を活発にするヨウ素、腸内環境を整えるアルギン酸という食物繊維を含む

●和風だしの素
嗜好性の向上

【作り方】

1 にんじんはみじん切りにする。

2 鍋に**1**、あさり、ごはん、とろろ昆布、和風だしの素少々を入れ、具材がかぶる程度の水を加えて野菜がやわらかくなるまで煮込む。火を止めたら、すりおろししょうがを加えて、軽く混ぜあわせる。

3 器に**2**を盛り、納豆をトッピングして完成。

こんなに元気になりました

白内障

＊名前＊
工藤ウィリアム

＊性別＊
オス

＊犬種＊
ダックスフンド

＊年齢＊
9歳

改善するまでの体調の変化

　6歳の健康診断で「白内障が始まっている」と言われました。まだ若いので、改善は無理でも、悪化するのを止める方法はないかと探していたところ、料理教室のお友達が須﨑先生を紹介してくださり、早速相談しました。「早い段階ならば間に合うかもしれない。」ということで、結果はともあれ手作り食にしてみました。食べない方がいいと言われた食材をウィリアムのオヤツにあげてきていたので、これが原因かと思いました。ウィルはフードの好き嫌いが激しく、手作り食で大丈夫かと心配でしたが、そんな心配をよそに、今までみたことがない様な食欲でペロリと平らげてくれました。毎日眼を観察していたので、あまり変化がわかりませんでしたが、薄くなった様な感じがしていました。そして8歳の健康診断のとき、引っ越しのためかかりつけの動物病院が変わったのですが、「白内障はないですよ！」と言われました。対応が早かったからかどうかわかりませんが、あきらめなくて良かったと思いました。

ごはんづくりで心がけたこと

　眼の健康維持にはビタミンAやC、抗酸化物質が大事ということで、カボチャやブロッコリーを使いました。動物性食材では、須﨑先生が「鶏と豚は大丈夫！」と言われたので、それを使いました。最初は消化できるか心配でしたが、今はゴロゴロ野菜でもきちんと吸収できているようです。

治った！
元気になった！

実例
レシピ23

鶏肉のブロッコリーのおじゃ

調理POINT
「白内障には目の健康を保つビタミンAとビタミンCに活性酸素を除去する抗酸化作用のある食材を取り入れる。」

【材料】

●鶏ひき肉
ビタミンAを含み、目の健康を保つ働きがある。動物性の食材であれば、レバーを加えてもOK。

●ごはん
エネルギー源

●ブロッコリー
ビタミンCを豊富に含み、免疫力を強化。目に多いビタミンCなので白内障の初期症状におすすめ。活性酸素の発生を抑制するβ–カロテンやスルフォラファンも含む。カリフラワーもビタミンC含有量が高い

●カボチャ
β–カロテン、ビタミンC、ビタミンEを含み、活性酸素を除去、老化防止作用もあり

●煮干粉
イワシの煮干にはEPAが含まれており、炎症を抑え免疫力の強化に働く

アドバイス
β–カロテンの宝庫にんじんが白内障にはおすすめ！強力な抗酸化作用があるアスタキサンチンを含む鮭を使用してもよいでしょう。

【作り方】

1 野菜はみじん切りにする。
2 鍋に**1**、鶏肉、煮干粉を入れ、具材がかぶる程度の水を加えて野菜がやわらかくなるまで煮る。
3 器にごはんを盛り、**2**をスープごとかけて完成。

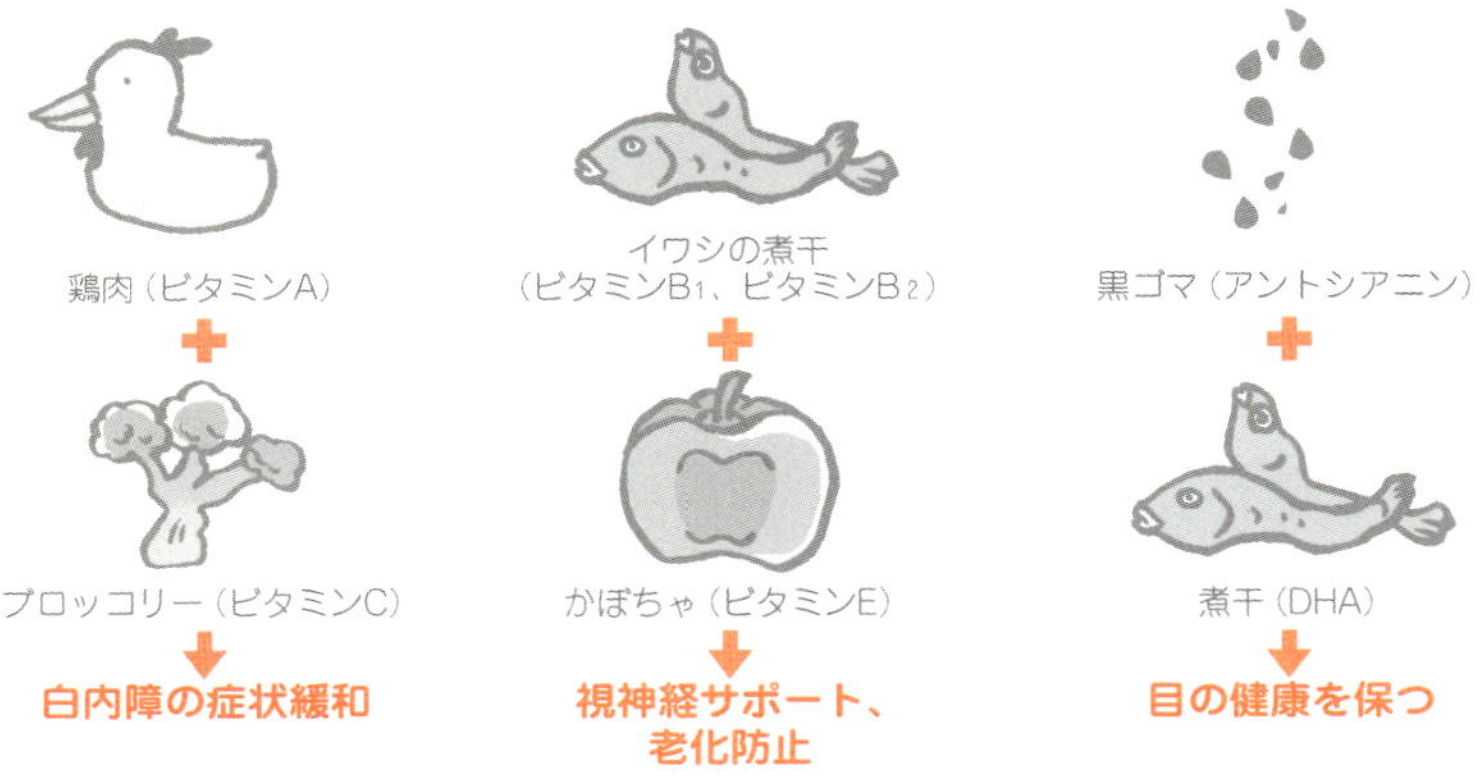

こんなに元気になりました
外耳炎

＊名前＊
若宮海渡

＊性別＊
オス

＊犬種＊
トイプードル

＊年齢＊
2歳

改善するまでの体調の変化

海渡の問題はうんちが軟いのと、外耳炎（耳薬を嫌がる）でした。手作り食に切り替えるにしたがって、軟便はほどよい硬さに変わりました。また、外耳炎は、季節的なものもあるでしょうが、秋冬へと変わるにしたがって解消しました。我が家は、エアコンが無かったので湿度が高かったのも原因だったかもしれません。

ごはんづくりで心がけたこと

治った！元気になった！

実例レシピ24
チキンと野菜の具沢山おじや

調理POINT

「たんぱく源はビタミンAを豊富に含む鶏肉や炎症を抑え、アレルギーの予防に働くEPAを含む魚がおすすめ。嗜好性向上のため貝のだし汁を使用してもよい。老廃物排出のため食物繊維、利尿作用のある夏野菜などを取り入れ排尿促進。EPAの働きをサポートする植物油もプラスしてあげるとさらに効果がUP。」

【材料】

●**鶏ムネ肉**
皮膚や粘膜の健康を維持するビタミンAを豊富に含む、たんぱく源

●**かぼちゃ**
β-カロテン、ビタミンC、ビタミンEを含み、免疫力の強化。皮膚の健康を守る。食物繊維が体内の老廃物を排出する

●**大根**
ビタミンCを豊富に含み、免疫力を強化し胃腸の粘膜の保護を行う。消化を助ける酵素ジアスターゼの効果は熱、酸に弱いため大根おろしがおすすめ。食物繊維が体内の老廃物を排出する

●**トマト**
カリウムが利尿促進。リコピンは強い抗酸化作用があり、活性酸素の発生を抑制する

●**干ししいたけ**

毎日のことですから、毎回計算しなければならなかったり、難しいことをやらなければいけないことは長続きしないと判断し、簡単に実践できることがとても重要でした。それと、ドッグフードのように毎回計量したくなかったので、簡単に実践できる須﨑先生の方式が我が家には合っていました。また、かかりつけの動物病院からアレルギーかもしれないと言われていたので、同じ食材を長期間続けない（特にたんぱく源）ことを重要視していましたが「そこは神経質になるポイントではない」と言われ、肉類だけは、一日50g程度（体重4kg弱）ということだけで、難しく考えずに作っていきました。問題なく肉を食べられて治り、良かったです。

β-グルカンが免疫力を強化。食物繊維が腸内環境を整備する

●干し桜海老

アレルギー予防効果のEPAを含み、強力な抗酸化作用があるアスタキサンチンを含む

【作り方】

1 鍋にみじん切りした野菜、干ししいたけ、桜海老、食べやすい大きさに切った鶏肉を入れ、具材がかぶる程度の水を加えて野菜がやわらかくなるまで煮込む。

2 1を器に盛り、すりおろしたニンジン、きゅうり、みじん切りしたパセリをトッピングして、アマニ油を少量まわし入れる。サプリ類もあわせて食べさせる。

トッピング

【材料】

●にんじん

β-カロテン、ビタミンCが皮膚の健康を維持。感染症予防

●きゅうり

ビタミンCが皮膚の健康を維持。利尿作用や体の老廃物を排出する効果のあるイソクエルシトリンという成分を含む

●パセリ

β-カロテン、ビタミンCが皮膚の健康を維持。感染症予防

●亜麻仁油

α-リノレン酸を含み、アレルギー予防のEPAの働きをサポート

【作り方】

1 にんじん、きゅうりはすりおろし、パセリはみじん切りにする。

2 亜麻仁油はひとたらし分用意する。

【与えているサプリメント】

●マジカルパウダー

果物の種の胚乳が病原体対策に

●消化酵素

消化をサポートし、体力アップ

●みつばち花粉

天然ビタミン、ミネラルの宝庫

こんなに元気になりました

ノミ・ダニ・外部寄生虫

＊名前＊
中村プリン

＊性別＊
メス

＊犬種＊
トイプードル

＊年齢＊
3歳

改善するまでの体調の変化

プリンは我が家に来たときから体臭がきつく、散歩に行くとノミ・ダニが付きやすい子でした。ノミ・ダニよけの薬を使うと確かに効果があるのですが、薬を付けたところの毛が抜けるので、心配になり使うのを止めました。友達から手作り食が良いらしいということを聞き、早速始めたところ、その日から体臭がさらに強くなり、オシッコも臭いの強い大量のオシッコが出てきたため、不安になりましたが、5日ほどで臭いが無くなりました。きっと身体にたまっていたものがでてきたんだと思います。それと、毛が大量に抜け始め、これもびっくりしましたが、半年後にはきれいに生え替わりました。手作りにしてから一年経って、体臭もなく、この夏はノミ・ダニもつかず、手作り食にして良かったと思っています。

ごはんづくりで心がけたこと

ノミ・ダニが寄ってくるのは、体臭が原因の一つで、その体臭は体内に老廃物がたまっていることが原因と知り、とにかくデトックスを心がけました。旬の野菜を取り入れれば大丈夫と知り、できるだけ農薬等の少ない（といわれている）食材を使いました。プリンはスープごはんの様な水分の多い食事だと、口の周りが汚れてかゆくなるらしく、チャーハンや混ぜごはんでも問題ないと教わったので、そうしました。それでもオシッコは薄い色で良い感じです。

治った!
元気になった!

実例
レシピ25

牛肉と緑黄色野菜のチャーハン

調理POINT

「ノミ・ダニ予防には、食物繊維や利尿作用のあるカリウムが多い野菜で老廃物を体外へ排出。皮膚の健康を守るビタミンAとビオチンを含むレバーもおすすめ。にんにくの香りは虫除け効果があるので、様子を見ながら少量を与えてみる。」

【材料】

●**牛肉**
ビタミンB6がアレルギーを軽減

●**卵**
ビタミンA、ビオチンを豊富に含み、皮膚の健康を維持する。必須アミノ酸のバランスが良いタンパク源

●**ごはん**
エネルギー源

●**にんじん**
β-カロテンの宝庫。皮膚の健康を維持し、免疫力を強化する

●**キャベツ**
食物繊維が老廃物を体外へ排出する

●**しいたけ**
β-グルカンが免疫力を強化。食物繊維が腸内環境を整備する

●**小松菜**
β-カロテンが皮膚の健康を維持し、免疫力を強化する

●**ごま油**
ビタミンEが抗酸化作用で活性酸素の発生を抑制する。

●**にんにく**
イオウ成分を含み、虫除け効果

アドバイス

利尿作用を促進するサポニンを含む大豆製品、カリウムを含むいも類、きゅうり、とうがんなどの夏野菜、老廃物の排出を促すイヌリンを含むごぼうなどを加えるとさらに効果UP。

【作り方】

1 野菜と牛肉はみじんみじん切りにする。

2 ボウルにごはんと溶き卵を入れ、混ぜあわせておく。

3 鍋にごま油を熱し、少量のすりおろしニンニク炒め、香りがたったら**1**を炒めあわせる。

4 **3**に**2**を加え炒めあわせて完成。

牛肉（亜鉛）
＋

鶏卵（ビオチン）
↓
皮膚炎の予防

にんじん（β－カロテン）
＋

鶏卵（ビタミンB2）
↓
健康な皮膚を保つ

こんなに元気になりました
痩せすぎ

＊名前＊ 加藤パル

＊性別＊ メス

＊犬種＊ ジャーマン・シェパード

＊年齢＊ 5歳

改善するまでの体調の変化

パルは仔犬の頃から内臓が弱く、食欲旺盛なのにお肉がつかずガリガリでした。ドッグフードもいろいろ試しましたし、病院で検査もしてきましたが原因が特定できませんでした。全ての食事を手作りにするのは初め抵抗がありましたが、4年間試行錯誤を繰り返しても良い結果が得られなかったので、やるだけやってみようと須崎先生の治療を受け、食事もアドバイスしていただきました。

治療を始めて1ヶ月目は背中にブツブツができて、毛が所々抜け一時は酷い状態でしたが、2ヶ月過ぎたあたりから徐々にブツブツもなくなっていき、3ヶ月目には毛も生えてきました。そして驚いた事に徐々に体重も増え、当初の目標体重の25キロになりました！「これが根本原因でしょう」っと見つけていただいた腸内細菌に取り組んでからあっという間だったような気がします。お肉も付きましたが、毛吹きもよくなってびっくりです。

ごはんづくりで心がけたこと

食事は急激な変化をもたらすわけではないから、長い目で見てくださいと言われましたので、良い意味で適当に作る事を心がけました。使う材料は自分の献立と同じ物にしたり、スーパーのタイムサービスによって「今日は鶏肉にしようとか、お魚にしようとか…」経済的にも助かります。後は個々の症状・状態に応じて、サプリメントも利用しました。あきらめずに取り組んで良かったです。

治った!
元気になった!

実例レシピ26

鶏肉のねばねばおじや

調理POINT

「量が食べれるようであれば、1日に与える量を増量してみる。量が食べれないようであれば1食のたんぱく質（肉や魚）と糖質（ごはん、いも類）の割合を増やしてみましょう。有効なエネルギー源となる植物油を加えてみるのもおすすめ。」

【材料】

●**鶏ひき肉（豚肉、魚の日などもアリ）**
皮膚や粘膜の健康を維持するビタミンAを豊富に含むたんぱく源。脂身の少ない部位を使用する場合は、植物油をプラスする

●**ごはん**
エネルギー源。加える野菜の中にじゃがいもや里芋などのでんぷん質の野菜や大豆などの豆類を加えるとエネルギーも上がる

●**小松菜**
β-カロテンが皮膚の健康を維持し、免疫力を強化する

●**しいたけ**
β-グルカンが免疫力を強化。食物繊維が腸内環境を整備する

●**にんじん**
β-カロテンの宝庫。皮膚の健康を維持し、免疫力を強化する

●**オクラ**
β-カロテン、ビタミンCを含み、免疫力の強化。皮膚の健康を守る。食物繊維が体内の老廃物を排出する

●**かぼちゃ**
野菜の中では、糖質を豊富に含むためおすすめの食材。他にはとうもろこしやれんこんは糖質を多く含む

アドバイス

バナナやキウイフルーツなど果物も糖質を豊富に含んでおり、エネルギー源となる食材です。おやつに果物を加えてみてもよいでしょう。

【作り方】

1　鍋にみじん切りにした野菜を入れ、具材がかぶる程度の水を加えて煮込む。
2　野菜が軟らかくなったらごはんを入れ、鶏肉に火が通ったらごはんを入れて煮込む。
3　**2**を器に盛って完成。

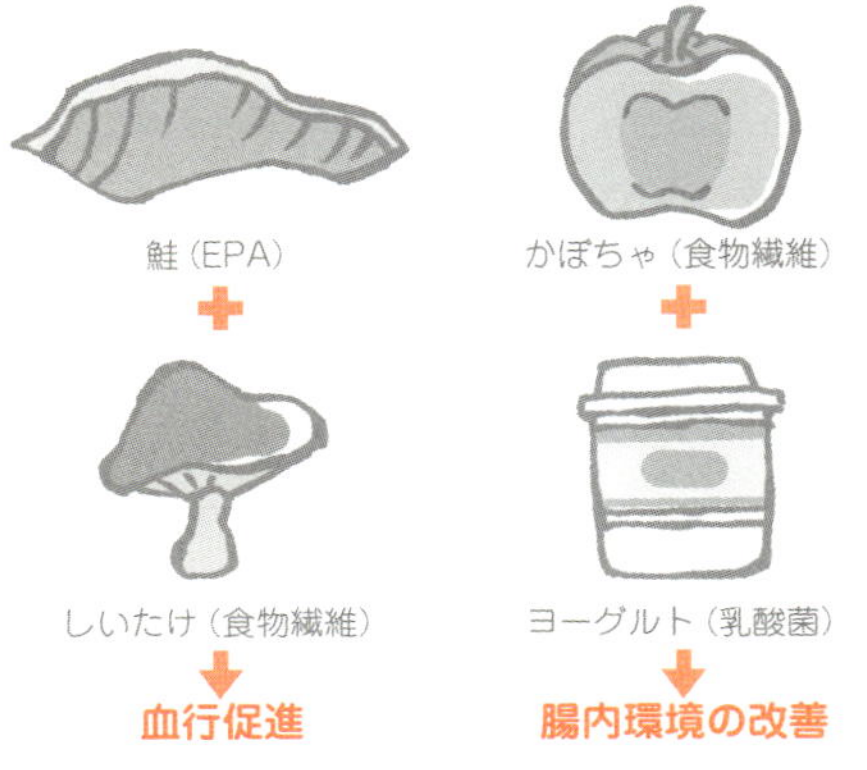

アレルゲン食材を何に変えたらいいですか？
食物アレルギーについて

アレルゲン検査で陽性となった食材が含む栄養素はこの食材で！

病原体の感染で症状が出ていることもある

当院には、全国から「食物アレルギー」と診断された子が来ます。そして「体内で何が起こっているか？」を調べると、消化器等への病原体感染が疑われることが多いです。それを取り除くことで、アレルゲン検査で陽性なのに、その食材を食べても症状が出ないという不思議な状態になることがあります。ですから、一般的な考えとは違いますが、食材だけに問題があるのではないと考えています。

食物アレルギー対策！
置き換え食材一覧表

丈夫な体作り、脳の活性化に欠かせない◆**たんぱく質の置き換え食材**

NGな食材名	食材に含まれる栄養素と働き	置き換え食材
魚	**オメガ3脂肪酸（DHA・EPA）** 脳機能の正常化、血液サラサラ	亜麻仁油、えごま油、くるみ、ごま
	ビタミンD カルシウムの吸収促進	干ししいたけ、植物油、きくらげ
	ナイアシン 糖質、脂質の代謝促進	玄米、ナッツ（ごま、アーモンド）、舞茸
牛肉	**ビタミンB_2** 皮膚や粘膜の細胞の生成をサポート、発育促進	納豆、のり、モロヘイヤ
	鉄 体内に酸素を運び貧血防ぐ	青菜、納豆ひじき、煮干
	亜鉛 皮膚の健康維持、発育促進	大豆、納豆、のり、ごま
豚肉	**ビタミンB_1** 糖質の分解、疲労回復	玄米、大豆、いんげん豆
	ビタミンB_2 皮膚や粘膜の細胞の生成をサポート、発育促進	納豆、のり、モロヘイヤ
	ナイアシン 糖質、脂質の代謝促進	玄米、ナッツ（ごま、アーモンド）、舞茸
鶏肉	**メチオニン** 血液中コレステロール値下げる、活性酸素除去	ほうれん草、果物、ナッツ、グリーンピース、豆腐
	ビタミンA 皮膚や粘膜、目の健康維持、感染症予防	緑黄色野菜、のり、わかめ
	リノール酸、オレイン酸 血中のコレステロール値を下げる	オリーブオイル、紅花油、コーン油
	ビタミンB_2 皮膚や粘膜の細胞の生成をサポート、発育促進	納豆、のり、モロヘイヤ

食物アレルギーで禁止されている食べ物がいっぱいの子っています。
下記の食物置き換え表をみて、ちょっとでも栄養が摂れるようサポートしてあげてください。

エネルギー補給、脳の活性化に不可欠◆糖質の置き換え食材

食物	栄養素	働き	置き換え食材
卵	ビタミンB_2	皮膚や粘膜の細胞の生成をサポート、発育促進	納豆、のり、モロヘイヤ
卵	ビタミンA	皮膚や粘膜、目の健康維持、感染症予防	緑黄色野菜、のり、わかめ
卵	ビタミンD	カルシウムの吸収促進	干ししいたけ、植物油、きくらげ
乳製品	ビタミンB_2	皮膚や粘膜の細胞の生成をサポート、発育促進	納豆、のり、モロヘイヤ
乳製品	ビタミンA	皮膚や粘膜、目の健康維持、感染症予防	緑黄色野菜、のり、わかめ
乳製品	カルシウム	骨、歯の形成、精神安定	煮干、納豆、小松菜、ひじき
大豆	ビタミンB_1	糖質の分解、疲労回復	玄米、大豆、いんげん豆
大豆	鉄	体内に酸素を運び貧血防ぐ	青菜、ひじき、煮干
大豆	食物繊維	便秘解消、血糖値の急激な上昇を防ぐ	海藻類（ひじき、わかめ）、果物、玄米、いも類、きのこ
小麦	ビタミンB_1	糖質の分解、疲労回復	豚肉、鮭、いんげん豆
小麦	ビタミンE	抗酸化作用	干ししいたけ、植物油、ナッツ、かぼちゃ
小麦	食物繊維	便秘解消、血糖値の急激な上昇を防ぐ	海藻類（ひじき、わかめ）、果物、いも類、きのこ
とうもろこし	ビタミンB_1	糖質の分解、疲労回復	豚肉、鮭、いんげん豆
とうもろこし	ビタミンB_2	皮膚や粘膜の細胞の生成をサポート、発育促進	納豆、のり、モロヘイヤ、卵、青魚
とうもろこし	カリウム	余分なナトリウムを排出する	パセリ、納豆、ほうれん草、山芋
とうもろこし	食物繊維	便秘解消、血糖値の急激な上昇を防ぐ	海藻類（ひじき、わかめ）、果物、いも類、きのこ
穀類	ビタミンB_1	糖質の分解、疲労回復	豚肉、鮭、いんげん豆
穀類	ナイアシン	糖質、脂質の代謝促進	ナッツ（ごま、アーモンド）、舞茸、青魚、豚肉、鶏肉
穀類	鉄	体内に酸素を運び貧血防ぐ	青菜、ひじき、煮干、納豆
穀類	食物繊維	便秘解消、血糖値の急激な上昇を防ぐ	海藻類（ひじき、わかめ）、果物、いも類、きのこ

置き換えられる食材はいくらでもある

ただ、一般的な治療ではアレルゲン食材を食事から抜くことで、当面、安心できるという側面もあります。しかし「それでは栄養バランスが崩れるのではないか？」と新たな心配が出てくると思いますので、上の表を一つの参考としてください。もちろん、原因は個々で異なりますから、これで絶対大丈夫とは言えませんが、当院の診療でも上手くいっている変換表ですので、ご活用下さい。野菜はすり下ろすことをおすすめします。そして、これで問題が解決できない場合は、食材とは違うところに「根本原因」があるのではないかと私は考えます。

こんなことを言われましたが本当ですか？
食べ物にまつわるウソ・ホント

世の中には飼い主さんを不安にする怪情報が少なくないようです。

検証 7

Q 野菜はどうやってあげるのがいいの？それとも与えない方がいいの？

「犬はもともとは肉食だったから、野菜は消化できない。与えても内臓に負担を与えるだけ」「野菜を与えるのであれば、消化酵素を加える」「野菜を粉末にしなくてはいけない」「野菜をいったん冷凍して細胞壁を壊さなくては栄養が吸収できない」「野菜はほんの少量しか与えなくていい」などいろんなウワサを耳にします。どれがほんとなのか、どうすれば生きた栄養素として吸収させてあげられるのかを教えてください。

A こういう情報が出てきたときは、「実際はどうか？」を考える習慣を付けると良いでしょう。まず、犬は肉食ですが、これは肉以外を食べたら死ぬという意味ではありません。また、自然界において獲物を捕らえられないときがあるので、肉しか食べられない個体よりは「雑食傾向のある方が生存に有利」という原則があります。また、世の中には肉を食べるとアレルギー症状が出るために、仕方なくベジタリアンな生活を送っている犬がいますが、それで何年も元気に生きている「事実」があり、それを例外と片づけるのは無理があるほどの例があります。生物には「環境に適応する」能力がありますので、野菜を食べさせてはいけないというのは極端な意見かと思います。また、食物繊維を消化する酵素は人間も犬も持っていません。しかし、野菜を食べたことが原因で栄養失調で死ぬという話は聞いたことはありませんし、もし不都合があるなら、それは野菜ではなく、消化器の不調が原因と診療の経験から考えております。

検証2

Q 人間だとコンニャク、きのこなど、消化吸収しづらいもので増量し、ダイエットに役立てることってありますが、犬は消化できないものは与えたらダメなんですか？

犬のごはんは消化・吸収できないものは与えてはダメ！という話をよく耳にします。それは絶対なんでしょうか？　消化・吸収せずに体外へ排泄されることは、犬のカラダを傷つけることになるのでしょうか？

A　まず、犬だけではなく、人間も食物繊維を消化する酵素を十分にもっているわけではありません。そして、そんなことを心配する必要がないくらいに多くの子が野菜を食べていますし、フードの中にも食物繊維は入っていて、ほとんどの子が健康に暮らしています。また、野菜がダメならば、それよりも硬い「骨」は危険な食材ランクのトップにあげられるでしょうが、実際はそうではありません。

ここで「実際はどうか？」を考えてみましょう。あなたは、コンニャクやきのこ、野菜を食べることで、腸が傷つくでしょうか？　牛が食べる乾草を食べたら、口や食道に傷は付きそうですが、胃から先は、胃がお粥状になるまでその先には送り出しませんので、胃から先にはやわらかいものしか流れないはずです。粥状にすることが難しい場合は「吐き出す」ということで身体は対処するのです。さらに、消化できない食物繊維は、便の質をコントロールするのに重要ですので、栄養としての価値は無いかも知れませんが、健康維持には重要な「第６の栄養素」なのです。

情報は正しく理解して活用を

犬に食べさせてはいけない食品ウソ・ホント

情報が入り乱れているようですが、大切なのは「危険」と「注意が必要」を区別すること

本当に犬に与えてはいけない食品

もうご存じの方も多いでしょうが、犬に与えてはいけない食品を念のために簡単に記載しておきます。

◆ネギ類　◆「生」のイカ・タコ
◆消化器を傷つける可能性があるもの（とがった硬い骨など）
◆「生」卵の白身を常食すること
◆チョコレート
◆ジャガイモの芽（ソラニン）
◆香辛料

これらは犬の体に悪影響をおよぼす可能性の高い食材です。

食材の問題か、農薬・流通過程の問題か？

まず知っておいて頂きたいのは、食品というものは、万に一つでも心配があるならば、注意を促すことになるということです。Aという食材を食べて体調不良になったとき、Aそのものが問題であることもあれば、Aの栽培過程や加工過程、流通過程などでAの表面に付着した何かが原因となることもあります。この様な場合、原因はわからないが、Aを食べるのは注意！という警告をするのは普通です。

注意が必要なのか、食べると即死なのか？

人間でも、毎年餅をのどに詰まらせて亡くなる残念な事故がありますが、だからといって餅を食べてはいけないとはならないのと同じように、結果が個々のケースで異なることがよくあります。残念ながら現在のペットの食材において、「注意が必要」が、「禁止」「食べると死ぬ」という過激な情報に変わり、それが飼い主さんに不必要な不安をもたらしていることが少なくない様です。

ブドウを大量に食べると危険？

〝ブドウを犬に与えては危険〟と聞いたことはありませんか？これは、現時点において原因はわかっていません。ブドウそのものが問題なのか、ブドウの表面に付着した農薬が問題なのかまだ不明です。またほとんどの犬では問題がないのに、一部の犬が食べた後3日以内に急性腎不全を引き起こす理由もわかっていません。一方、フランスで大昔から問題が起こっている話もききません。ちなみに須崎は研修先の人間の病院で、巨峰を2房食べた後から痴呆の症状が出た女性が、農薬デトックスをしたら正常になった例をこの目で見ております。

アボカドは体調を悪化させる？

この情報の発端は南アフリカで2頭の犬がアボカドを食べたことで嘔吐、下痢、浮腫などの症状が出たという論文です。その原因物質は〝Persin〟といわれております。一方で、アボカド農場で飼われている犬で、収穫の季節になると毎日の様に数個食べているが極めて健康であるという情報もあります。手作り食をしている方でアボカドを食べさせて問題があったケースを私は知りません。品種の違いなのか、表面の農薬の問題なのか、量の問題なのかわかりませんが、「大量」に食べるのは避けようというものではないでしょうか。

精製されたキシリトールは要注意です

この情報の発端は「精製された」キシリトールが犬の肝不全や低血糖等の症状を出すことがあるという論文です。ここから発展してキシリトールを含むイチゴやレタスも危険だという話に飛躍していることが、飼い主さんに不要な不安をもたらしているようです。詳しくは当院サイトに記載してありますが、計算すると、体重1キロのチワワがレタスを2キロ食べると危険だということです。しかし、こんな量を食べたら、違う理由で具合悪くなりそうです。危険性の警告は重要ですが、可能性があることと現実に起こるかどうかは区別したいものです。

健康維持に役立ちますが量に注意！

犬に効果的なハーブ

沢山は必要ありませんが、ほんの少の量で体調のコントロールに有益なものがあります

専門家のアドバイスに従って上手に活用してください

植物にはトリカブトの様に基本的には猛毒ですが、使い方で薬にもなる、安全領域の狭いものもあれば、ダイコンの様にどんなに食べてもほとんど安全なものまであります。前者は取り扱いが規制され、後者はスーパーなどで手に入ります。ハーブはこの中間に位置し、少量使用で健康維持に役立ちます。どんな目的でどんなハーブをどのくらいの量摂取したらいいかは、専門家に相談してください。

犬にもハーブはいいの？ 犬にオススメのハーブ

ハーブ名称	効能	与え方
アルファルファ	抗炎症、抗酸化、利尿、関節炎、がん予防、膀胱炎	ごはんに混ぜ合わせる、ハーブティー
オート麦	強壮、消化促進、抗炎症	ごはんに混ぜ合わせる、ハーブティー、浸出液、抽出液
ディル	健胃、母乳分泌促進、抗菌、利尿	ごはんに混ぜ合わせる、ハーブティー、抽出液
オレガノ	消化促進、鎮痛	ごはんに混ぜ合わせる、ハーブティー、浸出液、
コリアンダー	食欲増進	ごはんに混ぜ合わせる、ハーブティー
カモミール	鎮痛、消炎、膀胱炎、花粉症、皮膚炎、消化促進	ごはんに混ぜ合わせる
ターメリック	血液浄化、鎮痛、抗真菌、抗炎症、抗酸化、肝機能強化	ごはんに混ぜ合わせる
ジンジャー	消化促進、発汗、殺菌、皮膚炎	ごはんに混ぜ合わせる、ハーブティー、浸出液、抽出液
セージ	抗菌、消化促進、抗感染、口内炎・歯肉炎の予防	ごはんに混ぜ合わせる、ハーブティー、浸出液、抽出液
タイム	抗菌、消化促進、抗感染、口内炎・歯肉炎の予防	ごはんに混ぜ合わせる
セロリー	利尿、鎮痛	ごはんに混ぜ合わせる
パセリ	血圧降下、栄養補給、利尿、関節炎の炎症緩和、抗菌	ごはんに混ぜ合わせる
フラックス	栄養補給、抗酸化、競争	ごはんに混ぜ合わせる
バジル	腹痛、便秘解消、消化促進	ごはんに混ぜ合わせる、ハーブティー、浸出液、抽出液
フェンネル	消化促進、解毒、利尿、母乳分泌促進	ごはんに混ぜ合わせる、ハーブティー、浸出液、抽出液
ペパーミント	消化促進、抗菌、発汗、胃を刺激	ごはんに混ぜ合わせる、ハーブティー、浸出液、抽出液
マリーゴールド	抗炎症、傷の回復、抗菌、肝臓強壮	ごはんに混ぜ合わせる、ハーブティー
ローズヒップ	利尿、強壮、便秘、美肌	ごはんに混ぜ合わせる、ハーブティー、抽出液（肉、じゃがいもとの相性が良い
ローズマリー	強壮、鎮痛、抗酸化、抗菌	ごはんに混ぜ合わせる、ハーブティー、抽出液（肉、じゃがいもとの相性が良い
ガーリック	抗菌、抗酸化、抗真菌	ごはんに混ぜ合わせる

調理POINT

「体力を保つため、好き嫌いなく食べること！ お魚に緑黄色野菜+植物油を組み合わせればアンチエイジングごはんの出来上がり。ハーブを少量加えると良いでしょう。ハーブは香りが強すぎないように、少量使用すればOKです。」

いつまでも若々しく元気でいてほしいから！

アンチエイジングに効くハーブ

1 ローズマリー
血行促進、活力増進。若返りのハーブ

2 セージ
強壮作用、抗酸化作用。

3 ジンジャー
滋養強壮。解毒作用。

4 ローズヒップ
美肌、老化防止。

5 シナモン
解毒作用。体を温める。

アンチエイジング栄養素 Best5

1 DHA・EPA
血液サラサラ。脳の機能を高める
含まれる食材 ----- **アジ、イワシ、サバ、カツオ、鮭、マグロ、煮干、ししゃも**

2 β—カロテン
老化防止。抗がん、抗酸化作用。
含まれる食材 ----- **人参、かぼちゃ、ほうれん草、トマト、モロヘイヤ、春菊**

3 ビタミンE
細胞の老化防止、血行促進。生活習慣病の予防。抗酸化作用。
含まれる食材 ----- **植物油、ナッツ（アーモンド、ピーナッツ）、ごま、かぼちゃ、いわし**

4 ビタミンC
抗ストレス、抗酸化作用。免疫力の強化。
含まれる食材 ----- **ブロッコリー、ピーマン、かぼちゃ、さつまいも、小松菜、果物**

5 フィトケミカル（ファイトケミカル）
体内浄化。免疫力の強化。抗酸化作用。
含まれる食材 ----- **なす、大豆、りんご、ごま、そば、鮭、緑黄色野菜、キャベツ、大根、きのこ**

※フィトケミカル→カロテノイド、ポリフェノール、テルペン、β-グルカン、イオウ化合物）

終わりに

　私の父が脳梗塞で倒れたことをきっかけとして始まった食事療法の学びから、「ペットフードを完全に否定したりしないが、手作り食という選択肢を選ぶことも出来る。」「手作り食で健康を取り戻すことも可能である。」を信念として動物診療を続けて9年が経ちました。

　食事のアドバイスを始めた当初は、栄養計算を厳しくしておりましたが、ほとんどの方が私に隠れて「手を抜き（笑）」、後で「治ったのですが、先生の言うとおりの食事は出来なくて、適当にやっていました…ゴメンナサイ。」ということを多数経験させて頂きました。

　全国で同様のことが起こった経験から「難しい計算をしないと必ず病気になるわけではない、もちろん、キャベツだけの食事でいいわけではないが。」ということがわかりました。

　また、病気の再発を繰り返す場合、食事に問題があるというよりは、生活環境に改善すべき点があることや、病気によっては「問題解決の本質が食事内容にあるわけでは無い」ことがあることもわかってきました。

　さらに「炭水化物を食べるとガンになる」「肉をローテーションして食べないとアレルギーになる」等、今まで事実と言われてきたことが実は違うということもわかってきました。

　そしてこれまで、さまざまなご質問を読者の方からいただき、もはや私一人では対応しきれず悩んでおりましたが、私と同じ知識を持つ人を育成する講座、学んだ知識を活かしてインストラクターになってご活躍頂く環境もできました。

　これからも、より多くの方々と、手作り食の知識を共有・発展させられたらいいなと思っております。そして、これまで通り飼い主さんの問題を解決する「有効な選択肢」を開発・提案できるように、そしてその情報が世界で受け入れられる様に、情報の質を高め、発信していこうと思います。

　そのためにも、あなた様の実践・体験談などのご協力が必要です。どうぞよろしく御願い致します。最後までお読み下さり、ありがとうございました。

Information

フード・サプリメント
食材の心配をせずにすむフード、補う以上にデトックスに焦点を合わせたサプリメントにご興味のある方は、須﨑動物病院ホームページにアクセスしてください。

無料メルマガ
手作り食の体験談や最新情報をパソコン、携帯のメールマガジンで情報発信中。ホームページから登録してください。

本格的に学びたい方へ
愛犬を手作り食で健康にする情報を真剣に学びたい方のために、通信講座「ペットアカデミー」を運営中　【URL】http://www.1petacademy.com/

ペット食育協会
気軽に勉強したいという方のために、各地で「ペットの手作り食入門講座」を協会認定インストラクターが開催しております。食を通してペットの快適な生活を支援することを目的とし、食育についての知識を広げるインストラクターを育成し、適切な知識の普及活動を行っております。　【URL】http://apna.jp/

◆お問い合わせ◆
【須﨑動物病院】
〒193-0833　東京都八王子市めじろ台2-1-1 京王めじろ台マンションA-310
Tel. 042-629-3424（月～金　10～13時　15～19時／祭日を除く）
Fax. 042-629-2690（２４時間受付）
PCホームページ　http://www.susaki.com
携帯ホームページ　http://www.susaki.com/m/
E-mail. pet@susaki.com
※病院での診療、往診、電話相談は完全予約制です。
【ワンズカフェクラブ】
ペット食育協会上級インストラクター、ペット栄養管理士、栄養士の資格を持つ諸岡里代子さんが店長を務める、犬の手作りごはん専門店。人とペットの食を通して、おいしくて楽しいごはん時間の演出、ペットの食育の輪を広げる場の提供、普及活動を行う。
http://www.rakuten.co.jp/wans-cafe/
Tel. 092-215-0211　Fax. 092-215-0212
E-mail. wans.cafe.club@m4.dion.ne.jp

須﨑恭彦（すさき・やすひこ）

獣医師、獣医学博士。東京農工大学農学部獣医学科卒業、岐阜大学大学院連合獣医学研究科修了。現、須﨑動物病院院長。薬や手術などの西洋医学以外の選択肢を探している飼い主さんに、栄養学と東洋医学を取り入れた食事療法を中心とした、体質改善、自然治癒力を高める動物医療を実践している。メンタルトレーニング（シルバメソッド）の国際公認インストラクター資格を活かし、飼い主さんの不安を取り除くことにも力を注いでいる。九州保健福祉大学客員教授、ペット食育協会会長。
著書に『愛犬のための　症状・目的別栄養事典』『愛犬のための　がんが逃げていく食事と生活』『愛犬のための　食べもの栄養事典』（講談社）などがある。
問い合わせ先
【須﨑動物病院】
〒193-0833　東京都八王子市めじろ台2-1-1 京王めじろ台マンションA-310
Tel. 042-629-3424（月～金　10～13時　15～18時／祭日を除く）
Fax. 042-629-2690（24時間受付）
E-mail. pet@susaki.com
※病院での診療、往診、電話相談は完全予約制です。

STAFF
装丁・デザイン：吉度天晴、渡邉由美子

イラスト：藤井昌子
レシピ考案：諸岡里代子
レシピ作成：山本美佳子、藤井聖子、中山仁、山本裕一

愛犬のための症状・目的別食事百科

2009年１月13日　第１刷発行
2022年11月９日　第13刷発行

著　者　須﨑恭彦
発行者　鈴木章一
発行所　株式会社講談社
〒112-8001　東京都文京区音羽2-12-21
販売　TEL.03-5395-3606
業務　TEL.03-5395-3615
編　集　株式会社講談社エディトリアル
代　表　堺　公江
〒112-0013　東京都文京区音羽1-17-18　護国寺SIAビル6F
編集部　TEL.03-5319-2171
印刷　NISSHA株式会社
製本所　大口製本印刷株式会社

KODANSHA

N.D.C.645 175p 21cm ISBN978-4-06-214840-5